高等职业教育建筑类教材

Interior design training

室内设计实训

主　编／罗晓良

副主编／温　和　张灵梅

U0190758

重庆大学出版社

内容提要

本书根据室内设计知识及专业实训特点分为 3 个模块共 13 章。室内设计基础知识实训模块,共 6 章,主要内容包括室内设计相关理论基础、室内设计施工图纸识图与制图实训、室内设计材料知识实训、室内设计色彩知识实训、室内设计照明知识实训及家具及陈设设计实训;室内设计分项工程实训模块共 3 章,主要内容包括天棚设计实训、墙面设计实训、地面设计实训;综合技能实训模块共 4 章,主要内容包括各种类型建筑室内空间设计实训、室内设计师技能实训、综合实训以及设计案例赏析。

本书可作为高职高专室内设计类专业、成人教育室内设计类及相关专业教材,也可作为从事装饰工程的技术工作人员的参考用书。

图书在版编目(CIP)数据

室内设计实训／罗晓良主编. －－重庆:重庆大学
出版社,2018.8(2021.8 重印)
高等职业教育建筑类教材
ISBN 978-7-5689-1210-5

Ⅰ.①室… Ⅱ.①罗… Ⅲ.①室内装饰设计—高等职
业教育—教材 Ⅳ.①TU238.2

中国版本图书馆 CIP 数据核字(2018)第 161084 号

室内设计实训

主 编 罗晓良
副主编 温 和 张灵梅
策划编辑:刘颖果

责任编辑:陈 力 杨 娥 版式设计:刘颖果
责任校对:谢 芳 责任印制:赵 晟

*

重庆大学出版社出版发行
出版人:饶帮华
社址:重庆市沙坪坝区大学城西路 21 号
邮编:401331
电话:(023) 88617190 88617185(中小学)
传真:(023) 88617186 88617166
网址:http://www.cqup.com.cn
邮箱:fxk@ cqup.com.cn(营销中心)
全国新华书店经销
重庆升光电力印务有限公司印刷

*

开本:787mm×1092mm 1/16 印张:11.75 字数:273 千
2018 年 8 月第 1 版 2021 年 8 月第 2 次印刷
印数:2 001—4 000
ISBN 978-7-5689-1210-5 定价:49.00 元

前言
FOREWORD

近年来,随着房地产业和建筑业的飞速发展,室内设计行业已成为我国具有潜力的朝阳产业之一。由于市场对室内设计从业人员的需求量不断增大,我国越来越多的高职院校设立了室内设计以及与室内设计相关的专业。但是,高职高专学校在室内设计类人才的培养方式上普遍延续了本科教育的特点,偏离了培养"实用型、复合型"人才的道路。

本书在编写过程中,始终坚持"以能力为本位"的指导思想,以实现学生"零距离"就业为目标。本书内容具有以下3点特色:

①以"能力递进"思路划分专业知识模块,整理组织专业知识点;

②以"案例教学"为切入点,引入实际案例,解析理论知识;

③实训内容强调对学生综合能力的培养,对培养学生的团队协作能力、创新能力等方面有所帮助。

本书各章参编人员如下:武黎明、吴懿编写第一章、第二章,甘诗源、张为编写第三章、第四章,罗晓良编写第五章、第六章、第九章、第十章、第十一章、第十二章,温和、何新洁编写第七章、第八章,张灵梅、戴蕾、张琰、朱理东、邹华韬负责本书图片的提供与编辑,重庆市建筑装饰协会肖能定、朱兵对相关内容进行了审定,重庆绿森林装饰工程有限公司参与了本书的编写工作。全书由罗晓良主编,负责统稿、定稿。

本书在编写过程中,参考了九江职业技术学院、四川工程职业技术学院、河南工业职业技术学院、湖南科技职业学院等课程建设方面的相关资料以及有关专家、学者的论著,吸取了一些最新科研成果,在此一并表示诚挚的谢意。

由于编者水平所限,难免存在错漏之处,敬请广大读者和同行批评指正。

编　者

2018 年 5 月

目　录

第一章
室内设计相关理论基础

知识目标:

● 了解室内空间的概念和分类。

● 理解室内设计的概念。

● 掌握室内设计常见风格和室内设计空间划分的方法。

能力目标:

● 能够清晰理解室内空间的概念和分类,以及室内设计的含义。

● 能培养学生将风格的特点合理地运用到室内空间设计中。

● 能合理利用室内设计空间划分方法,达到学以致用的目的。

开章语:

本章节内容主要介绍室内设计相关理论基础,使学生能在理论方面有一些认识,培养一定的设计思维,为之后的学习提供基础的理论支撑。

第一节 相关概念

一、室内空间的概念

室内空间是人类劳动的产物,是相对于自然空间而言的,是人类有序生活所需要的物质产品。人对空间的需要,是一个从低级到高级,从满足生活上的需求到满足心理上的精神生活需求的发展过程。但是,无论是物质或精神生活的需要,都受到当时生产力、科学技术水平和经济文化等方面的制约。人们的需要随着社会发展提出不同的要求,空间随着时间的变化而相应发生改变,这是一个相互影响、相互联系的动态过程。因此,室内空间的内涵、概念也不是一成不变的,而是在不断补充、创新和完善。相对来说,室内空间对人的视角、视距、方位等方面都有一定的影响。由空间采光、照明、色彩、装修、家具、陈设等多种因素组合造成的室内空间,在人的心理上产生了比室外空间更强的承受力和感受力,从而影响人的生理和精神状态。

二、室内空间的类型

室内空间的类型可以根据空间的不同构成及所具有的性质和特点来进行区分,以利于在设计组织空间时选择和利用。

1. 开敞与封闭空间

开敞空间和封闭空间是相对而言的,开敞的程度取决于有无侧界面、侧界面的围合程度以及开洞的大小等。开敞空间和封闭空间也有程度上的区别,如介于两者之间的半开敞和半封闭空间。这种区别主要取决于房间的使用性质和周围环境的关系,以及视觉上和心理上的需要,如图 1-1 所示。

开敞空间是外向型的,限定性和私密性较小,强调与空间环境的交流、渗透,讲究对景、借景、与大自然或周围空间的融合。它可提供更多的室内外景观和扩大视野。在使用时开敞空间灵活性较大,便于经常改变室内布置。在心理效果上,开敞空间常表现为开朗、活跃。

封闭空间是用限定性较高的围护实体包围起来的,在视觉、听觉等方面具有很强的隔离性;在心理效果上,具有领域感、安全感和私密性。

2. 动态和静态空间

动态空间或称为流动空间,具有空间的开敞性和视觉的导向性,界面组织具有连续性和节奏性,空间构成形式富有变化和多样性,使视线从一点转向另一点,引导人们从"动"的角度观察周围事物,将人们带到一个由空间和时间相结合的"第四空间"。开敞空间连续贯通之处,正是引导视觉流通之时,空间的运动感即在于塑造空间形象的运动性上,更在于组织空间的节律性上,如图 1-2 所示。

图 1-1　开敞空间

图 1-2　动态空间

静态空间一般来说形式相对稳定,常采用对称式和垂直水平界面处理。空间比较封闭,构成比较单一,视觉多被引导在一个方位或一个点上,空间较为清晰明确。

3. 虚拟与虚幻空间

虚拟空间是指在已界定的空间内通过界面的局部变化而再次限定的空间。由于缺乏较强的限定度,而是依靠视觉感受来划分空间,所以也称为"心理空间"。如局部升高或下凹的地平面和天棚,或以不同材质、色彩的平面变化来限定空间,如图 1-3 所示。

虚幻空间是利用不同角度的镜面玻璃的折射及室内镜面反映的虚像,把人们的视线转

图1-3　通过色彩变化界定空间

向由镜面所形成的虚幻空间。在虚幻空间内可产生空间扩大的视觉效果,常采用的手段是利用镜面折射将原来平面的物件造成立体空间的幻觉效果,紧靠镜面的物体,还可把不完整的物件造成完整物件的假象。在室内特别狭窄的空间,常利用镜面来扩大空间感,并利用镜面的幻觉装饰来丰富室内景观。

4. 下凹与外凸空间

下凹空间是指在室内某一墙面或角落凹入的空间。它是在室内局部退进的一种室内空间形式,在住宅建筑中运用比较普遍。由于凹入空间通常只有一面开敞,因此受到干扰较少,形成安静的一角。有时可将天棚降低,使其具有清静、安全、亲密感的特点。根据凹进的深浅和面积的大小不同,可以作多种用途的布置,如在住宅中利用凹入空间布置床位,创造出最理想的私密空间;在饭店等公共空间中,利用凹室可避免人流穿越的干扰,获得良好的休息空间;在餐厅、咖啡室等处可利用凹室布置雅座;在长内廊式的建筑,如办公楼、宿舍等可适当间隔布置凹室,作为休息等候场所,以避免空间的单调感。

凹凸是一个相对的概念,如外凸空间对内部空间而言是凹室,对外部空间而言是凸室。大部分的外凸空间希望将建筑更好地伸向自然、水面,达到三面临空,使室内外空间融为一体;或通过锯齿状的外凸空间,改变建筑朝向方位等。外凸空间在西洋古典建筑中运用得较为普遍,如建筑中的挑阳台、阳光室等都属于这一类。

5. 地台与下沉空间

室内地面局部抬高,抬高地面的边缘划分出的空间称为地台空间。由于地面升高形成一个台座,在和周围空间相比时十分醒目突出,在同一个空间里很容易受到关注,具有展示性和吸引人们目光的特点,而在地台上的人们具有一种居高临下的优越感,视线也比较开阔。地台常常用于展示和表演,如将家具、汽车等产品放在地台上进行展出,会让展品显得更加引人注目。现代住宅的卧室或起居室也可利用地面局部升高的地台布置床位,从而产生简洁而富有变化的室内空间形态。

下沉空间是将室内地面局部下沉,在统一的室内空间产生出一个界限明确、富于变化的独立空间。由于下沉地面标高比周围要低,因此具有一种隐蔽感、保护感和宁静感(图1-4),使其成为具有一定私密性的空间区域。同时随着视线的降低,空间感觉增大,对室内景观会产生不同凡响的变化,适用于多种性质的空间。根据具体条件和要求,可设计不同的下降高度,也可设计围栏保护,一般情况下,下降高度不宜过大,以避免产生进入底层空间或地下室的感觉。

图1-4　下凹空间具有一定私密性

6. 共享空间

共享空间是一个具有运用多种空间处理手法的综合体系,它在空间处理上,大中有小、小中有大,外中有内、内中有外,相互穿插,融会了各种空间形态,变则动、不变则静,单一的空间类型往往是静止的感觉,多样变化的空间形态就会形成动感。

7. 母子空间

母子空间是对空间的二次限定,是在原空间中用实体性或象征性的手法再限定出小空间,将封闭与开敞相结合,这在许多地方被广泛采用。通过将大空间划分成不同的小区域,增强了亲切感和私密感,更好地满足了人们的心理需要。

8. 交错穿插空间

利用两个相互穿插、叠合的空间所形成的空间,称为交错空间或穿插空间。现代室内空间设计早已不满足于封闭的六面体和精致的空间形态,在创作中也常将室外空间的城市立交模式引入室内,在分散和组织人流上颇为相宜。在交错穿插空间,人们上下活动交错穿流,俯仰相望,静中有动,不但丰富了室内景观,还给室内空间增添了生气和活跃气氛。

9. 灰空间

灰空间又称为模糊空间,它的界面模棱两可,具有多种功能的含义,空间充满复杂性和矛盾性。

三、室内设计的含义

室内设计是根据建筑物的使用性质、所处环境和相应标准,运用物质技术手段和建筑美学原理,创造功能合理、舒适优美、满足人们物质和精神生活需要的室内环境。这一空间环境既具有使用价值,满足相应的功能要求,同时也反映了历史文脉、建筑风格、环境气氛等精神因素。

在设计构思时,需要运用物质技术手段,即各类装饰材料和设施设备等,这是容易理解的;还需要遵循建筑美学原理,这是因为室内设计的艺术性,除了有与绘画、雕塑等艺术共同的美学法则之外,作为"建筑美学",更需要综合考虑使用功能、结构施工、材料设备、造价标准等多种因素。建筑美学总是和实用、技术、经济等因素联系在一起的,这是它有别于绘画、雕塑等纯艺术的差异所在。

现代室内设计既有很高的艺术性要求,其涉及的设计内容又有很高的技术含量,并且与一些新兴学科,如人体工程学、环境心理学、环境物理学等关系极为密切。现代室内设计已经在环境设计中发展成为独立的新兴学科。

第二节　室内设计风格

室内设计风格从建筑风格衍生而来,且因社会的进步发生了极大变化。根据设计师和业主审美、爱好的不同,室内设计风格又有各种不同的幻化体。这里简要介绍目前市场上较流行的几种风格。

一、田园风格

田园风格倡导"回归自然",室内多用木料、织物、石材等天然材料,显示材料的纹理,清新淡雅。田园风格重视生活的自然舒适性,在室内环境中力求表现悠闲、舒畅、自然的生活情趣,常运用天然木、石、藤、竹等材质质朴的纹理。田园风格巧于设置室内绿化,创造自然、简朴、高雅的氛围。因所处环境的不同,目前市场上出现的田园风格也以多种形式出现,下面进行简单的介绍。

1. 北欧田园风格

北欧由于地理位置和气候的缘故,不喜欢在窗户上加窗帘,以使室内尽量明亮;而且喜欢用大地的颜色粉刷室内,地板通常都是本色,整体色彩上显得很接近自然,不加修饰。

2. 西班牙田园风格

西班牙乡村传统的房子很少有独立的餐厅,用餐都在主人房的小桌子上;家具非常简单,常用坐卧两用的长椅代替沙发,椅子由未上油漆的松木或杉木制成,尽可能地体现出木材的本色,并喜欢用几何图案和色彩对比。

3. 意大利田园风格

意大利田园风格的设计是室内喜欢用土黄、陶土色(与大地颜色有关),家具简单,室内整体线条简洁清晰,但墙面粗犷,在一些细部喜欢用色彩装饰。

4. 英式田园风格

英式田园风格主要体现古老和优雅。以不同年代、不同风格、不同款式的旧家具和物品为主,绿色植物在室内有着重要的作用,如图 1-5 所示。

图 1-5 英式田园风格

5. 法式田园风格

古旧的家具加上传统图案的普罗旺斯印花棉布,配上手工烧绘的陶制器皿。室内一般色彩绚丽,很少有白墙。常以橙、黄、亮橘、赫红、蓝色作为室内色彩。配上薰衣草的紫色,即有着法式的特有风格。

6. 美式田园风格

美式田园风格强调舒适感,摇椅、野花盆栽、小麦草、铁艺制品等都是美式乡村中常用的东西。床是木制的,颜色多是棕红、黑胡桃、花梨木色。布艺是非常重要的运用元素,本色的棉麻是主流,常用浅色碎花图案的布艺配上藤椅。室内的总体色调明亮,色彩淡雅,给人以温馨的感觉,如图 1-6 所示。

综合看来,欧洲乡村风格大多古朴,色彩以自然色为主。美式田园风格更强调舒适感和温馨感。

二、现代风格

现代风格起源于 1919 年成立的包豪斯学派,强调突破旧传统,重视功能和空间组织,讲究材料自身的质地和色彩的配置效果。总体来说,整体线条简练,家具造型简洁,反对多余装饰,提倡简约实用。色彩经常以棕色系列(浅茶色、棕色、象牙色)或灰色系列(白色、灰色、黑色)等中间色为基调色;材料一般使用玻璃、皮革、金属、树脂等;用直线表现现代的功能美,如图1-7所示。国外现代风格以简洁明快为主要特点,重视室内空间的使用功能,强调室内布置按功能区划分,家具布置与空间密切配合,色彩和造型追随流行时尚;国内现代风格在保持传统风格的同时,融入现代与时尚,但仍能感受到古朴自然的气息,一般在室内环境中整体线条很简约,但常用一些中式元素来装饰,作为点睛之笔。

图1-6　美式田园风格

图1-7　现代简约风格

三、古典风格

古典风格主要分为中式古典风格和欧式古典风格。

中式古典风格主要以明、清时期为主。其主要体现在传统家具上,明清家具在色彩上没有太大的区别,主要体现在造型上。明式家具简约,清式家具复杂,造型通常有很多雕花。

家具颜色常以深棕、棕红、褐、黑为主。而饰品搭配方面常用红、绿、黄等丝制布艺织物，尤其是红、黄两色最具有中国特色。青花瓶、茶具一类的小饰物配合整体氛围，色彩庄重而成熟，充分体现出中国传统美学精神，如图1-8所示。

图1-8 中式古典风格

欧式古典风格追求华丽、高雅，具有很强的文化感受和历史内涵。室内色彩鲜艳，而且大多带有图案，如图1-9所示。

图1-9 欧式古典风格

洛可可是欧式古典风格中比较典型的一种风格。金色在洛可可风格中是不可或缺的颜色,其还比较喜欢用蓝色、粉色、黄色、象牙色和白色以及纹样漂亮且具有光泽的暖色硬木。干净的白色家具,曲线的造型饰以金色的镶边,以体现流畅的线条和唯美的造型。

在早期的殖民地风格住宅中,装饰色彩体系变得更加丰富多彩。譬如使用普鲁士蓝、朱红和铜绿,产生一系列强烈、饱和的蓝色、绿色色调,有时还用镀金加强其效果。

而维多利亚风格的奢华只体现在其造型上,继承了洛可可和文艺复兴风格。但在色彩上常用暗红、明黄、橄榄绿、淡紫进行搭配,大胆而强烈。中国、日本的瓷器、图画,铸铁饰品被用作室内装饰品。在当时,中西合璧搭配并不多见,也算是很有代表性的一种风格。

综合来讲,欧洲古典风格色彩上以红蓝、红绿及粉蓝、粉绿、粉黄,饰以金银饰线。一般欧式古典风格,最常运用金色和银色来呈现居室的气派与复古韵味。西洋古典风格比较注重背景色调,由墙纸、地毯、帘幔等装饰织物组成的背景色调,对控制室内整体效果起到了决定性的作用。

四、新古典风格

新古典风格是古典与现代的完美结合,它源于古典,但不是仿古,更不是复古,而是追求神似。新古典设计讲求风格,用简化的手法、现代的材料和加工技术去追求传统样式的大致轮廓特点,注重装饰效果,用室内陈设品来增强历史文脉特色。家具的颜色和古典风格的家具很接近,只是造型有所简化。

五、东南亚风格

东南亚风格的家具大多就地取材,比如印度尼西亚的藤、马来西亚河道里的水草(风信子、海藻)以及泰国的木皮等纯天然的材质。色泽以原藤、原木的色调为主,大多为褐色等深色系。布艺多用橘红、艳黄、青紫、翠绿,都是体现东南亚风格的主要色彩。其中,墙面以芥末黄色或橙色居多;红色、藕紫色、墨绿色等华彩的基调常配以藤质家具中沉稳的藤色或黑胡桃木色。卧室中常用芭蕉或睡莲装扮,带有典型的东南亚特点,如图1-10所示。

图1-10　东南亚风格

六、混合型风格（中西结合式风格）

混合型风格在空间结构上既讲求现代实用，又吸取传统的特征，在装饰与陈设中融中西为一体。如传统的屏风、茶几，现代风格的墙画及门窗装修，新型的沙发，使人感受到不拘一格。

七、日式风格

日式风格又称为和式风格。日本的设计艺术自古便崇尚自然、朴实的风气，注重物体的简素之美。传统的和式家具的制式明显是受中国传统文化的影响，而现代的和式家具制式则是受西方国家的影响。然而，日本人本质上还是很喜欢木质家具，而且尽量保持木材的原本之色。日式风格追求一种悠闲、随意的生活意境。空间造型极为简洁，在设计上采用清晰的线条，而且在空间划分中摒弃曲线，具有较强的几何感。室内装饰主要是日本式的字画、浮世绘、茶具、纸扇、武士刀、玩偶及面具，更甚者直接用和服来点缀室内，色彩浓烈单纯，室内气氛清雅纯朴。主要色彩为原木色、白色为主的空间，搭配浅色的家具，加上少量深、亮颜色，如黑、褐、红等避免空间沉寂，如图 1-11 所示。

图 1-11 日式风格

八、地中海风格

地中海周边国家众多，民风各异，通常"地中海风格"的家居空间会采用以下几种设计元素：白灰泥墙、连续的拱廊与拱门、陶砖、海蓝色的屋瓦和门窗。

地中海风格在色彩应用上别具一格，有代表性的色彩搭配包括下述内容。

1. 蓝与白

蓝与白是比较典型的地中海颜色搭配。西班牙、摩洛哥海岸延伸到地中海的东岸希腊。希腊的白色村庄与沙滩和碧海、蓝天连成一片,甚至门框、窗户、椅面都是蓝与白的配色,加上混着贝壳、细沙的墙面,小鹅卵石地面,拼贴马赛克、金银铁的金属器皿,将蓝与白不同程度的对比与组合发挥到了极致,如图1-12所示。

图1-12　地中海风格

2. 黄、蓝紫和绿

南意大利的向日葵、法国南部薰衣草花田,金黄与蓝紫的花卉与绿叶相映,形成一种别有情调的色彩组合,十分具有自然的美感。

3. 土黄及红褐

土黄及红褐是北非特有的沙漠、岩石、泥、沙等天然景观颜色,再辅以北非土生植物的深红、靛蓝,加上黄铜,带来一种大地般的浩瀚感觉。

第三节　室内设计空间划分方法

室内空间设计就是运用艺术和技术的手段,依据人们生理和心理要求将室内空间环境,按照功能要求做种种分隔处理。随着应用物质的多样化,立体的、平面的、相互穿插的、上下交叉的,加上采光、照明的光影,明暗、虚实、陈设的简繁及空间曲折、大小、高低和艺术造型等种种手法,都能产生形态繁多的空间分隔。以下我们将总结常用的几种分隔方式。

一、封闭式分隔

采用封闭式分隔的目的是对声音、视线、温度等进行隔离,形成独立的空间,这样相邻空间之间互不干扰,具有较好的私密性,但是流动性较差。一般利用现有的承重墙或现有的轻质隔墙隔离,多用于餐厅包厢、走道包厢及居住性建筑。

二、半开放式分隔

空间以隔屏、透空式的高柜、矮柜、不到顶的矮墙或透空式的墙面来分隔空间,其视线可以相互透视,强调与相邻空间之间的连续性与流动性。

三、象征式分隔

象征式分隔以建筑物的梁柱、材质、色彩、绿化植物或地坪的高低差等来区分空间。其空间的分隔性不明确、视线上没有有形物的阻隔,但透过象征性的区分,在心理层面上仍是分隔的两个空间。

四、局部分隔

采用局部分隔的目的是减少视线上的相互干扰。局部分隔的方法是利用高于视线的屏风、家具或隔断等。这种分隔的强弱因分隔体的大小、形状、材质等方面的不同而定。局部划分的形式有四种,即一字形垂直划分、曲线形垂直划分、半圆形垂直划分和平行层次面划分。局部分隔多用于大空间内划分小空间的情况,同时也体现各种功能的需要。

五、科技活动分隔

两个空间之间的分隔方式有时居于开放式分隔或半开放式分隔之间,可利用各类智能化的暗拉门、拉门、折合门、活动帘、叠拉帘等进行分隔。例如卧室兼起居或儿童游戏空间,当有访客时可将卧室门关闭,即可使其成为一个独立而具有私密性的空间。

六、列柱分隔

柱子的设置是由于结构的需要,但有时也用柱子来分隔空间,丰富空间的层次与变化。柱距越近,柱身越细,分隔感越强。

第二章
室内设计施工图纸识图与制图实训

知识目标：

● 了解室内设计施工图的分类和一般标准。

● 理解室内设计施工图的制图标准，熟悉装饰施工图的有关规定。

● 掌握室内设计施工图的识图与制图方法。

能力目标：

● 能够熟练识读及绘制室内设计施工图，做到理论联系实际，强化设计技能。

● 能培养学生综合运用理论知识解决实际问题的能力，提高他们的实际工作技能，以满足企业用人的需要。

开章语：

本章节内容主要介绍与室内设计识图与制图相关的一些实践性较强的知识点，使学生能够做到理论联系实际，强化设计技能，巩固课堂知识，提升学生的动手能力。

第一节　室内设计制图标准

为了使建筑专业、室内设计专业制图规范，保证制图质量，提高制图效率，做到图面清晰、简明，符合设计、施工、存档的要求，适应工程建设的需要，中华人民共和国住房和城乡建设部制定了《建筑制图标准》（GB/T 50104—2010）。建筑专业、室内设计专业制图，除应遵守本标准外，还应符合《房屋建筑制图统一标准》（GB/T 50001—2017）以及国家现行的有关强制性标准、规范的规定。

一、图纸幅面

①图纸幅面是指图纸的尺寸大小，以幅面代号 A0，A1，A2，A3，A4 进行区分。

②图纸幅面及图框尺寸，应符合表 2-1 的规定及图 2-1 至图 2-3 的格式。

表 2-1　幅面及图框尺寸

单位：mm

尺寸代号	幅面代号				
	A0	A1	A2	A3	A4
$b \times l$	841 × 1 189	594 × 841	420 × 594	297 × 420	210 × 297
c	10			5	
a	25				

③需要缩微复制的图纸，其中一个边上应附有一段准确米制尺度，4 个边上均附有对中标志，米制尺度的总长应为 100 mm，分格应为 10 mm。对中标志应画在图纸内框各边长的中点处，线宽应为 0.35 mm，并应伸入内框边，在框外应为 5 mm。

④图纸的短边尺寸不应加长，A0 ~ A3 幅面长边尺寸可加长，但应符合表 2-2 的规定。

表 2-2　图纸长边加长后的尺寸

单位：mm

幅面尺寸	长边尺寸	长边加长后的尺寸								
A0	1 189	1 486	1 783	2 080	2 378					
A1	841	1 051	1 261	1 471	1 682	1 892	2 102			
A2	594	743	891	1 041	1 189	1 338	1 486	1 635	1 783	1 932　2 080
A3	420	630	841	1 051	1 261	1 471	1 682	1 892		

注：室内设计装饰图以 A3 为主，设计修改通知单以 A4 为主。有特殊要求的图纸，可采用 $b \times l$ 为 841 mm × 891 mm 与 1 189 mm × 1 261 mm 的幅面。

⑤图纸以短边作为垂直边称为横式，以短边作为水平边称为立式。一般 A0 ~ A3 图纸宜横式使用；必要时，也可立式使用。

⑥在室内设计装修中,各专业所使用的图纸一般不宜多于两种幅面,不含目录及表格所采用的 A4 幅面。

二、标题栏与会签栏

①标题栏是设计图纸中表示设计情况的栏目。标题栏又称为图标。标题栏的内容包括:工程名称、设计单位名称、图纸内容、项目负责人、设计总负责人、设计、制图、校对、审核、审定、项目编号、图号、比例、日期等。

②图框是界定图纸内容的线框。包括图框线、幅面线、装订边线、标题栏以及对中标志。

③图纸的标题栏、会签栏及装订边的位置,可参照下列形式:

a. 横式使用的图纸,应按图 2-1 和图 2-2 所示的形式进行布置。

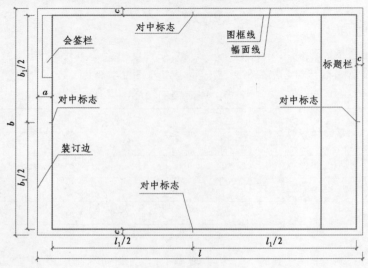

图 2-1　A0 ~ A3 横式幅面(一)

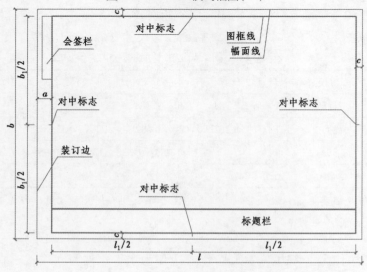

图 2-2　A0 ~ A3 横式幅面(二)

b. 立式使用的图纸,应按图 2-3 和图 2-4 所示的形式进行布置。

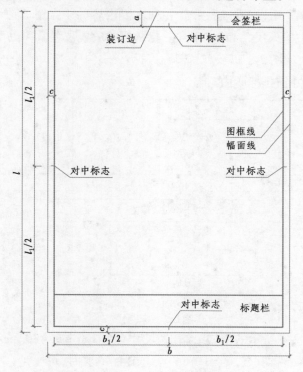

图 2-3　A0 ~ A4 立式幅面(一)

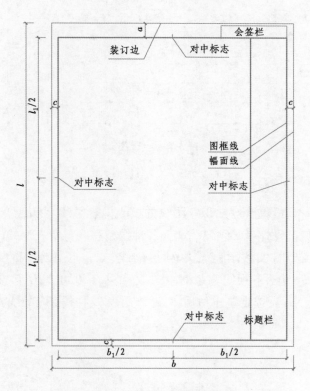

图 2-4　A0 ~ A4 立式幅面(二)

④标题栏应按图2-5所示,根据工程的需要选择确定其尺寸、格式及分区。签字区应包含实名列和签名列,涉外工程的标题栏内,各项主要内容的中文下方应附有译文,设计单位的上方或左方应加"中华人民共和国"字样。标题栏的放置位置常用以下两种:

a. 在图框右下角,如图2-5所示。

b. 在图框的下部并横排标题内。

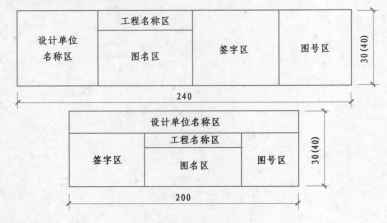

图2-5 标题栏

⑤会签栏应按图2-6所示的格式绘制,其尺寸应为100 mm×20 mm,栏内应填写会签人员所代表的专业、姓名、日期(年、月、日);一个会签栏不够时,可另加一个,两个会签栏应并列;不需会签的图纸可不设会签栏。

图2-6 会签栏

三、图线

图线是制图最基本、最重要的知识。图线的核心内容是线型和线宽两个元素。它是表达设计思想的基本语言,设计者必须熟练掌握各种线型和线宽所表达的内容。

设计中使用的线型有实线、虚线、单点长画线、双点长画线、折断线、波浪线等(表2-3)。图线的宽度为 b,宜从下列线宽系列中选取:1.4,1.0,0.7,0.5 mm。每个图样应根据复杂程度与比例大小,先选定基本线宽 b,再选用表2-4中相应的线宽组。

表2-3　图线　　　　　　　　　　　　　　　　　　　　　单位:mm

名称		线型	线宽	用途
实线	粗		b	1. 平、剖面图中被剖切的主要建筑构造和装饰构造轮廓线; 2. 室内装饰立面图的轮廓线; 3. 室内设计装修构造详图中被剖切的主要部分的轮廓线; 4. 室内设计装修详图中的外轮廓线; 5. 平、立、剖面图中的剖切符号
	中粗		$0.7b$	1. 平、剖面图中被剖切的次要建筑构造(包括构配件)的轮廓线; 2. 建筑平、立、剖面图中建筑构配件的轮廓线; 3. 建筑构造详图及建筑构配件详图中的一般轮廓线
	中		$0.5b$	小于$0.7b$的图形线、尺寸线、尺寸界限、索引符号、标高符号、详图材料做法引出线、粉刷线、保温层线,以及地面、墙面的高差分界线等
	细		$0.25b$	图例填充线、家具线、纹样线等
虚线	中粗		$0.7b$	1. 建筑构造详图及建筑构配件不可见的轮廓线; 2. 平面图中的起重机(吊车)轮廓线; 3. 拟建、扩建建筑物轮廓线
	中		$0.5b$	投影线、小于$0.5b$的不可见轮廓线
	细		$0.25b$	图例填充线、家具线等
单点长画线	粗		b	起重机(吊车)轨道线
	细		$0.25b$	中心线、对称线、定位轴线
折断线	细		$0.25b$	部分省略表示时的断开界线
波浪线	细		$0.25b$	部分省略表示时的断开界线,曲线形构件断开界线;构造层次的断开界线

注:地平线宽可用$1.4b$。

表2-4　线宽组　　　　　　　　　　　　　　　　　　　　单位:mm

线宽比	线宽组			
b	1.4	1.0	0.7	0.5
$0.7b$	1.0	0.7	0.5	0.35
$0.5b$	0.7	0.5	0.35	0.25
$0.25b$	0.35	0.25	0.18	0.13

注:①需要微缩的图纸,不宜采用0.18 mm及更细的线宽。

　　②同一张图纸内,各个不同线宽中的细线,可统一采用较细的线宽组的细线。

四、比例

在绘制施工图时,针对图样的用途和复杂程度,选用表 2-5 中的常用比例,特殊情况下也可选用可用比例。当结构构件纵、横向断面尺寸相差悬殊时,也可在同一详图中选用不同比例。

表 2-5　施工图比例

图　名	常用比例	可用比例
总平面图	1:500,1:1 000	1:2 000
(适用于室内设计)平面图、立面图、剖面图	1:50,1:100,1:200	1:150,1:300
(适用于室内设计)详图	1:10,1:20,1:50	1:5,1:25,1:30,1:40

五、图纸编排顺序

①当室内设计装修工程含设备设计时,图纸的编排顺序应按内容的主次关系、逻辑关系有序排列,通常以室内设计装修图、电气图、暖通空调图、给排水图等先后为序。标题栏中应含各专业的标注,如"饰施""电施""设施""水施"等。

②室内设计装修工程图一般按图纸目录、设计说明、总平面图、平面布置图、天棚布置图、立面图、大样图的顺序排列。

③各楼层平面图一般按自下而上的顺序排列。某一层的各局部的平面图一般按主次区域和内容的逻辑关系排列。立面图应按所在空间的方位或内容的区别表示。

第二节　室内设计施工图的识读方法与步骤

施工图是拟建工程项目施工建造的依据和无声"语言"。有了施工图,室内设计相关工作人员就可以按照它进行施工;造价工程师就可以根据它结合《建设工程工程量清单计价规范》或建筑工程概预算定额等计算出工程分部分项工程量,作为编、审工程量清单计价或定额计价的基础数据。为此,本章着重介绍室内设计工程施工图的有关基础知识、常用材料图例、施工图识读方法等内容。

一、室内设计装饰工程施工图的分类

1. 基本概念

(1)图的基本概念

图是用图示方法表示物体各种形状的统称。或者说,图是用图的形式来表示信息的一种技术文件。工程设计部门用图表达设计师(员)对拟建工程的构思;生产部门用图指导加工与制造;施工部门用图编制施工作业计划、准备机具材料、组织施工;使用部门用图指导使用,进行维护和管理;工程造价机构用图编制工程量清单或工程预算确定工程造价等。因此,每一位工程技术人员和管理人员学会识读工程图,对提高施工和管理工作质量等具有重要的技术和经济意义。

(2)图形的基本概念

图形,即图的形状或形象。采用国家统一规定的图例、符号、代号和粗细、虚实不同的线型以及数字、文字说明等绘制出空间物体形状的图样就称为图形。用于工程施工的图形,与人们日常生活中所看到的电影、电视广告,商品宣传广告,画报,照片上的图样是不相同的,它们虽然容易看懂,而且也很形象,但没有正确的外形和尺寸,如同工程设计中的鸟瞰图一样,所以不能用于施工。而工程图样是按照制图学中的"正投影"原理绘画而成的,尽管工程图样是按照一定比例缩小了若干倍,但外形还是正确的,而且还有详细尺寸和文字说明,所以按照它可以进行施工建造。

(3)施工图的基本概念

工程设计人员按照国家的建设方针政策,设计规范、设计规程、设计标准,结合有关资料(如建设地点的水文、地质、地形、地貌、气象、资源、交通运输条件等)以及建设项目法人提出的具体要求,在经过批准的初步设计的基础上,运用制图学原理,采用国家统一规定的图例、符号、线型、数字、文字来表示拟建建筑物以及建筑设备、生产工艺设备、管路、线路各部位之间的空间关系及其实际形状与尺寸的图样,并用于拟建工程项目施工建造和编制工程量清单计价文件或工程预算书的一整套图纸,就称为施工图。

施工图的种类较多,在民用建设工程中,按照专业工种的不同,通常包括土建施工图(包括建筑施工图和结构施工图)、室内给排水施工图(包括消防施工图)、采暖通风与空调施工图、电气施工图等。建筑安装工程施工图由于需要的份数较多,因此需要复制。因为复制出来的图纸多为蓝色,所以习惯上又把建筑安装工程施工图称为施工蓝图,简称蓝图。

(4)装饰工程施工图的概念

装饰工程施工图是按照装饰设计方案确定的空间尺度、构造做法、材料选用、施工工艺等,并遵照建筑及装饰设计规范编制的用于指导装饰施工生产的技术文件。装饰工程施工图同时也是进行造价管理、工程监理等工作的主要技术文件。室内设计施工图是用来表明建筑物室内外各部位装饰形式和构造的技术信息文件。室内设计施工图与土木建筑施工图有着深刻的"血缘"关系,因为室内设计工程可分为前装饰和后装饰两种方式,一般情况下前装饰不另外进行单独设计,而是对需要装饰的室内外个别部位进行另绘详图外,绝大部分是在房屋建筑施工图的基础上采用文字说明予以标示,在其平面图或立面图上以所选用的通用图册号及图样的编号和所在页次予以引出标示。

2. 特点

装饰工程施工图是用正投影方法绘制的用于指导施工的图样,制图应遵循《房屋建筑制图统一标准》(GB/T 50001—2010)的要求。装饰工程施工图反映的内容多、形体尺寸变化大,必要时需绘制透视图、轴测图等辅助表达,以便于识读。

室内设计通常是在建筑设计的基础上进行的,在制图和识图上,装饰工程施工图有其自身的规律,如图样的组成、施工工艺及细部做法的表达等都与建筑工程施工图有所不同。

装饰设计同样经方案设计和施工图设计两个阶段。方案设计阶段是根据业主要求、现场情况,以及有关规范、设计标准等,以透视效果图、平面布置图、室内立面图、一楼地面平面图、尺寸、文字说明等形式,将设计方案表达出来,经修改补充,取得合理方案后,报业主或有关主管部门审批,再进入施工图设计阶段。施工图设计是装饰设计的主要程序。

3.组成分类

装饰工程施工图一般由装饰设计说明、平面布置图、楼地面平面图、天棚平面图、室内立面图、墙(柱)面装饰剖面图、装饰详图等图样组成,其中装饰设计说明、平面布置图、楼地面平面图、天棚平面图、室内立面图为基本图样,表明装饰工程内容的基本要求和主要做法;墙(柱)面装饰剖面图、装饰详图为装饰施工的详细图样,用于表明细部尺寸、凹凸变化、工艺做法等。图纸的编排也以上述顺序排列。

二、装饰工程施工图的识读方法与步骤

1.平面布置图

平面布置图是装饰工程施工图中的主要图样,它是根据装饰设计原理、人体工学以及用户的要求画出的用于反映建筑平面布局、装饰空间及功能区域的划分、家具设备的布置、绿化及陈设的布局等内容的图样,是确定装饰空间平面尺度及装饰形体定位的主要依据。

(1)平面布置图的形成与表达

假想用一个水平剖切平面,沿着每层的门窗洞口位置进行水平剖切,移去剖切平面以上的部分,对以下部分所作的水平正投影图称为平面布置图。剖切位置选择在每层门窗洞口的高度范围内,剖切位置不必在室内立面图中指出。平面布置图与建筑平面图一样,实际上是一种水平剖面图,但习惯上称为平面布置图,其常用比例为1:50,1:100和1:150。

平面布置图中剖切到的墙、柱轮廓线等用粗实线表示;未剖切到但能看到的内容用细实线表示,如家具、地面分格、楼梯台阶等。在平面布置图中门扇的开启线宜用细实线表示。

(2)平面布置图的识读

平面布置图的识读步骤如下:先浏览平面布置图中各房间的功能布局、图样比例等,了解图中基本内容;注意各功能区域的平面尺寸、地面标高、家具及陈设等的布局;理解平面布置图中的内视符号;识读平面布置图中的详细尺寸。

平面布置图决定室内空间的功能及流线布局,是天棚设计、墙面设计的基本依据和条件,平面布置图确定后再设计楼地面平面图、天棚平面图、墙(柱)面装饰立面图等图样。

现以图2-7所示某住宅装饰设计平面布置图为例加以说明。

①先浏览平面布置图中各房间的功能布局、图样比例等,了解图中基本内容。从图中可以看到室内房间布局主要有北侧客厅、卧室、书房、阳台,南侧的餐厅、厨房、衣帽间及卫生间等功能区域,此图比例为1:50。

②注意各功能区域的平面尺寸、地面标高、家具及陈设等的布局。客厅是住宅布局中的主要空间,图中客厅开间4 500 mm、进深5 100 mm,布置有电视柜、沙发、茶几、边柜等家具,并与餐厅相连,客厅地面标高为±0.000,图中空间流线清晰、布局合理。在平面布置图中,

家具、绿化、陈设等应按比例绘制,一般选用细线表示。与客厅连通的空间是餐厅、玄关及休闲阳台,空间贯通且视线开阔。图中餐厅设有酒水柜,布置有 6 人餐桌。书房设有写字台、书柜、椅子及沙发等家具。厨房中的虚线表示燃气灶上方的吊柜,灶台右侧设有洗菜池。厨房、卫生间比书房、餐厅等地面低 0.01 m(用 −0.010 表示)。

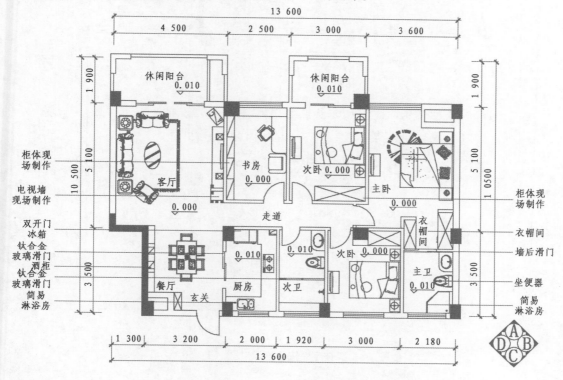

图 2-7　某住宅装饰平面布置图 (1∶50)

③理解平面布置图中的内视符号。为表示室内立面在平面图中的位置及名称,内视符号通常画在平面布置图的房间地面上,有时也可画在平面布置图外(如图名的附近),表示该平面布置图所反映的各房间室内立面图的名称,都按此符号进行编号。内视投影编号宜用拉丁字母或阿拉伯数字按顺时针方向注写在 8 ~ 12 mm 的细实线圆圈内。

④识读平面布置图中的详细尺寸。在装饰平面布置图中,外围的标注无法精确表达设计尺寸,所以一般应在单独的图纸上标明建筑内部墙体改造后的尺寸以及固定家具的尺寸,如图 2-8 所示。

(3)平面布置图的图示内容

①建筑平面图的基本内容,如墙柱与定位轴线、房间布局与名称、门窗位置及编号、门的开启方向等。

②室内楼(地)面标高。

③室内固定家具、活动家具、家用电器等的位置。

④装饰陈设、绿化美化等位置及图例符号。

⑤室内立面图的内视投影符号(按顺时针从上至下在圆圈中编号)。

⑥室内现场制作家具的定型、定位尺寸。

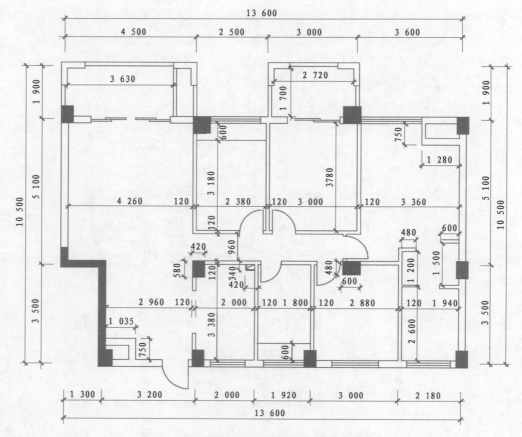

图 2-8　某住宅装饰平面尺寸图（1：50）

⑦房屋外围尺寸及轴线编号等。

⑧索引符号、图名及必要的说明等。

（4）平面布置图的画法

室内设计装饰工程施工图与建筑工程施工图的画法与步骤基本相同,所不同的是造型做法及构造细节在表达上的细化,以及做法的多样性。如装饰平面布置图是在建筑平面图的基础上进行墙面造型的位置设计、家具布置、陈设布置、地面分格及拼花布置,它必须以建筑平面图为基础进行设计、制图。

在平面布置图中,家具、陈设、绿化等要以设计尺寸按比例绘制,并要考虑它们所营造的空间效果及使用功能,而这些内容在建筑平面图上一般不须表示。室内施工通常是在建筑工程粗装修完成后进行,建筑结构已经形成,所以有些尺寸在装饰施工图上可以省略,突出装饰设计的内容。

绘图步骤如下:

①画出建筑主体结构,标注其开间、进深、门窗洞口等尺寸,标注楼地面标高。

②画出各功能空间的家具、陈设、隔断、绿化等的形状、位置。

③标注装饰尺寸,如隔断、固定家具、装饰造型等的定型、定位尺寸。

④绘制内视投影符号、详图索引符号等。

⑤注写文字说明、图名比例等。

⑥检查并加深、加粗图线。剖切到的墙柱轮廓线、剖切符号用粗实线,未剖切到但能看到的图线,如门扇开启符号、窗户图例、楼梯踏步、室内家具及绿化等用细实线表示。

⑦完成作图。

2.地面铺装图

(1)地面铺装图的形成与表达

地面铺装图同平面布置图的形成一样,所不同的是地面铺装图不画活动家具及绿化等的布置,只画出地面的装饰分格,标注地面材质、尺寸和颜色、地面标高等。

地面铺装图的常用比例为1:50,1:100,1:150。图中的地面分格采用细实线表示,其他内容按平面布置图要求绘制。

地面铺装图不太复杂时,可与平面布置图合在一起绘制。

(2)地面铺装图的识读

从图2-9中可以得知:客厅、餐厅为800 mm×800 mm玻化砖铺贴,过道边上采用咖网纹石材边带造型;厨房、卫生间铺贴300 mm×300 mm防滑地砖;书房与卧室采用的是仿实木地板。另外,如果地面铺贴及造型有特殊要求,可在图中做详图索引,另附图纸反映其做法。

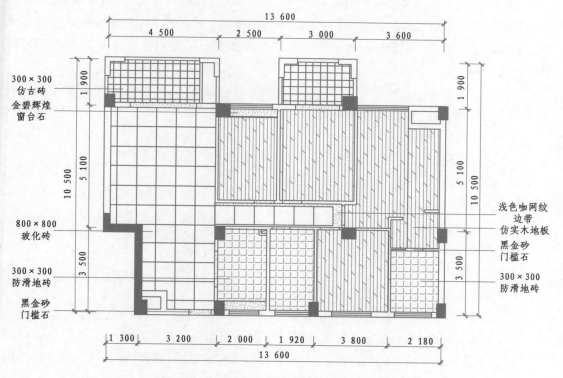

图2-9 某住宅装饰地面铺装图 (1:50)

(3)地面铺装图的图示内容

地面铺装图主要以反映地面装饰分格、材料选用为主。其图示内容有:

①建筑平面图的基本内容。

②室内楼地面材料选用、颜色与分格尺寸以及地面标高等。

③楼地面拼花造型。

④索引符号、图名及必要的说明。

（4）地面铺装图的画法

楼地面铺装图的面层分格线用细实线画出，用于表示地面施工时的铺装方向。对于台阶和其他凹凸变化等特殊部位，还应画出剖面（或断面）符号。

①画出建筑主体结构，标注其开间、进深、门窗洞口等尺寸。

②画出楼地面面层分格线和拼花造型等（家具、内视投影符号等省略不画）。

③标注分格和造型尺寸。材料不同时用图例区分，并加引出说明，明确做法。

④细部做法的索引符号、图名比例。

⑤检查并加深、加粗图线。

⑥完成作图。

3. 天棚平面图

（1）天棚平面图的形成与表达

天棚平面图是以镜像投影法画出的反映天棚平面形状、灯具位置、材料选用、尺寸标高及构造做法等内容的水平镜像投影图，是装饰施工的主要图样之一。它是假想以一个水平剖切平面沿天棚下方门窗洞口位置进行剖切，移去下面部分后对上面的墙体、天棚所作的镜像投影图。

天棚平面图的常用比例为1∶50,1∶100,1∶150。在天棚平面图中剖切到的墙柱用粗实线表示，未剖切到但能看到的天棚、灯具、风口等用细实线表示。

（2）天棚平面图的识读步骤

①在识读天棚平面图前，应了解天棚所在房间平面布置图的基本情况。

②识读天棚造型、灯具布置及其底面标高。

③明确天棚尺寸、做法。

④注意图中各窗口有无窗帘及窗帘盒做法，并明确其尺寸。

⑤识读图中有无与天棚相接的吊柜、壁柜等家具。

⑥识读天棚平面图中有无顶角线做法。

⑦注意室外阳台、雨篷等处的吊顶做法与标高。

现以图2-10为例说明天棚平面图的识读方法和步骤：

①在识读天棚平面图前，应了解天棚所在房间平面布置图的基本情况。因为在装饰设计中，平面布置图的功能分区、交通流线及尺度等与天棚的形式、底面标高、选材等有着密切的关系。只有了解平面布置，才能读懂天棚平面图。

②识读天棚造型、灯具布置及其底面标高。天棚有直接天棚和悬吊天棚（简称吊顶）两种。吊顶又分为叠级吊顶和平吊顶两种形式。天棚造型是天棚设计中的重要内容，不管是从空间利用还是意境的塑造方面，设计者都必须予以充分的考虑。

天棚的底面标高是指天棚装饰完成后的表面高度，相当于该部位的建筑标高。但为了便于施工和识读的直观,习惯上将天棚底面标高(其他装饰体标高亦同此)都按所在楼层地面的完成面为起点进行标注。如图 2-10 中"2.850"标高即指从客厅一层地面到天棚最高处(直接天棚)的距离(单位为 m),"2.700"标高处为吊顶做法。图中央为吊灯符号,在周边吊顶内的小圆圈代表筒灯,虚线部分代表吊顶内的漫反射灯槽。

③明确天棚尺寸、做法。图 2-10 中客厅"2.700"标高为吊顶天棚标高,此处吊顶宽为 650 mm,做法为轻钢龙骨纸面石膏板饰面、刮白后罩白色乳胶漆。内侧虚线代表隐藏的灯槽板,其中设有 LED 灯带,外侧一条细实线代表吊顶檐口有两步叠级造型。从图 2-10 中可以看到餐厅吊顶中为多级吊顶,也是轻钢龙骨纸面石膏板做法,饰面为白色乳胶漆。

图 2-10 右侧书房为二级吊顶(均为平顶),一级吊顶标高 2.700 m,二级吊顶标高 2.800 m;图中细实线为石膏板吊顶 8 mm 水缝,粗实线为吊顶后的轮廓线。

厨房天棚为平吊顶,做法为轻钢龙骨铝扣板吊顶,天棚上有两盏吸顶灯,完成面标高为 2.500。卫生间吊顶标高为 2.300 m,做法为长条铝扣板。

④注意图中各窗口有无窗帘及窗帘盒做法,明确其尺寸。

⑤识读图中有无与天棚相接的吊柜、壁柜等家具。若天棚处有吊柜,则图中应用打叉符号表示。

⑥识读天棚平面图中有无顶角线做法。顶角线是天棚与墙面相交处的收口做法,有此做法时应在图中反映。在图 2-10 中,本图中除厨房卫生间外,阴角的做法皆为直角,表面白色乳胶漆饰面。

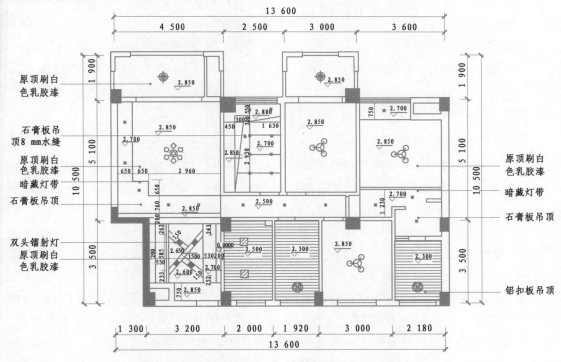

图 2-10　某住宅装饰天棚平面图 (1:50)

4. 室内立面图

（1）室内立面图的形成与表达

室内立面图是将房屋的室内墙面按内视投影符号的指向，向直立投影面所作的正投影图。它用于反映室内空间垂直方向的装饰设计形式、尺寸与做法、材料与色彩的选用等内容，是装饰工程施工图中的主要图样之一，是确定墙面做法的主要依据。房屋室内立面图的名称，应根据平面布置图中内视投影符号的编号或字母确定。

室内立面图应包括投影方向可见的室内轮廓线和装饰构造、门窗、构配件、墙面做法、固定家具、灯具等内容及必要的尺寸和标高，并需表达非固定家具、装饰物件等情况。室内立面图的天棚轮廓线，可根据情况只表达吊顶或同时表达吊顶及结构天棚。

室内立面图的外轮廓用粗实线表示，墙面上的门窗及凸凹于墙面的造型用中粗实线表示，其他图示内容、尺寸标注、引出线等用细实线表示。室内立面图一般不画虚线。

室内立面图的常用比例为 1∶50，可用比例为 1∶30，1∶40 等。

（2）室内立面图的识读

室内墙面除相同者外一般均需画立面图，图样的命名、编号应与平面布置图上的内视符号的编号相一致。内视符号决定室内立面图的识读方向，同时也给出了图样的数量。

室内立面图的识读方法和步骤如下：

①首先确定要读的室内立面图所在房间位置，按房间顺序识读室内立面图。

②在平面布置图中按照内视符号的指向，从中选择要读的室内立面图。

③在平面布置图中明确该墙面位置有哪些固定家具和室内陈设等，并注意其定形、定位尺寸，做到对所读墙（柱）面布置的家具、陈设等有一个基本了解。

④浏览选定的室内立面图，了解所读立面的装饰形式及其变化。

⑤详细识读室内立面图，注意剖面装饰造型及装饰面的尺寸、范围、选材、颜色及相应做法。

⑥查看立面标高、其他细部尺寸、索引符号等。

5. 墙（柱）面装饰剖面图

墙（柱）面装饰剖面图是用于表示装饰墙（柱）面从本层楼（地）面到本层天棚的竖向构造、尺寸与做法的施工图样。它是假想用竖向剖切平面，沿着需要表达的墙（柱）面进行剖切，移去介于剖切平面和观察者之间的墙（柱）体，对剩下部分所作的竖向剖面图。

墙（柱）面装饰剖面图通常由楼（地）面与踢脚线节点、墙（柱）面节点、墙（柱）顶部节点等组成，反映墙（柱）面造型沿竖向的变化、材料选用、工艺要求、色彩设计、尺寸标高等。墙（柱）面装饰剖面图通常选用 1∶10，1∶15，1∶20 等比例绘制。

墙（柱）面装饰剖面图的剖切符号应绘制在室内立面图的相应位置上。墙（柱）面装饰剖面图主要用于表达室内立面的构造，着重反映墙（柱）面在分层做法、选材、色彩上的要求。墙（柱）面装饰剖面图还应反映装饰基层的做法、选材等内容，如墙面防潮处理、木龙骨架、基层板等。当构造层次复杂、凸凹变化及线角较多时，还应配置分层构造说明、画出详图索引，另配详图加以表达。识读时应注意墙（柱）面各节点的凹凸变化、竖向设计尺寸与各部位标高。

6. 装饰详图

室内装饰空间通常由 3 个基面构成,即天棚、墙面、地面。这 3 个基面经过装饰设计师的精心设计,再配置风格协调的家具、绿化与陈设等,可以营造出特定的气氛和效果。这些气氛和效果的营造必须通过细部做法及相应的施工工艺才能实现,实现这些内容的重要技术文件就是装饰详图。

(1)装饰详图的分类

①墙(柱)面装饰剖面图:主要用于表达室内立面的构造,着重反映墙(柱)面在分层做法、选材、色彩上的要求。

②天棚详图:主要是用于反映吊顶构造、做法的剖面图或断面图。

③装饰造型详图:独立的或依附于墙柱的装饰造型,表现装饰的艺术氛围和情趣的构造体,如影视墙、花台、屏风、壁龛、栏杆造型等的平、立、剖面图及线角详图。

④家具详图:主要是指需要现场制作、加工、油漆的固定式家具,如衣柜、书柜、储藏柜等,有时也包括可移动的家具,如床、书桌、展示台等。

⑤装饰门窗及门窗套详图:门窗是装饰工程的主要施工内容之一,其形式多种多样,在室内起着分割空间、烘托装饰效果的作用,它的样式、选材和工艺做法在装饰图中有特殊的地位,其图样有门窗及门窗套立面图、剖面图和节点详图。

⑥楼地面详图:反映地面的艺术造型及细部做法等内容。

⑦小品及饰物详图:包括雕塑、水景、指示牌、织物等的制作图。

(2)装饰详图的图示内容

当装饰详图所反映的形体的体量和面积较大以及造型变化较多时,通常需先画出平、立、剖面图来反映装饰造型的基本内容。如准确的外部形状、凸凹变化、与结构体的连接方式,标高、尺寸等。选用比例一般为 1∶10 ~ 1∶50,有条件时平、立、剖面图应画在一张图纸上。当该形体按上述比例画出的图样不够清晰时,需要选择 1∶1 ~ 1∶10 的大比例绘制。当装饰详图较简单时,可只画其平面图、断面图(如地面装饰详图)即可。

装饰详图的图示内容一般有:

①装饰形体的建筑做法。

②造型样式、材料选用、尺寸标高。

③所依附的建筑结构材料、连接做法,如钢筋混凝土与木龙骨、轻钢及型钢龙骨等内部骨架的连接图示(剖面或断面图),选用标准图时应加索引。

④装饰体基层板材的图示(剖面或断面图),如石膏板、木工板、多层夹板、密度板;水泥压力板等用于找平的构造层次(通常固定在骨架上)。

⑤装饰面层、胶缝及线角的图示(剖面或断面图),复杂线角及造型等还应绘制大样图。

⑥色彩及做法说明、工艺要求等。

⑦索引符号、图名、比例等。

第三节 室内设计制图与标准图例

1. 建筑材料图例

（1）一般规定

①装饰工程施工图的图例符号应遵守《房屋建筑制图统一标准》（GB/T 50001—2017）的有关规定，对其尺度比例不作具体规定。使用时，应根据图样大小而定，并应注意下列事项：

a. 图例线应间隔均匀，疏密适度，做到图例正确，表示清楚。

b. 不同品种的同类材料使用同一图例时（如某些特定部位的石膏板必须注明是防水石膏板时），应在图上附加必要的说明。

c. 两个相同的图例相接时，图例线宜错开或使倾斜方向相反。

d. 两个相邻的涂黑图例（如混凝土、金属件）间应留有空隙，其净宽度不得小于 0.5 mm。

②下列情况可不加图例，但应加文字说明：

a. 一张图纸内的图样只用一种图例时。

b. 图形较小无法画出建筑材料图例。

③需画出的建筑材料图例面积过大时，可在断面轮廓线内沿轮廓线作局部表示。

④当选用国家制图标准中未包括的建筑材料时，可自编图例。但不得与国家制图标准所列的图例重复。绘制时，应在适当位置画出该材料图例，并加以说明。

（2）常用建筑材料图例

常用建筑材料应按表 2-6 所示图例画法进行绘制。

表 2-6 常见建筑材料图例

序号	名　称	图　例	备　注
1	自然土壤		包括各种自然土壤
2	夯实土壤		
3	砂、灰土		
4	砂砾石、碎砖三合土		

续表

序号	名　称	图　例	备　注
5	石材	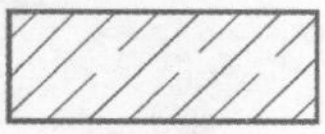	
6	毛石	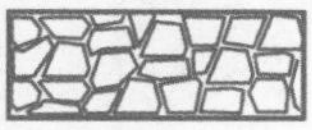	
7	实心砖、多孔砖	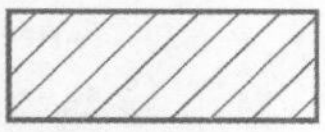	包括普通砖、多孔砖、混凝土砖等砌体
8	耐火砖	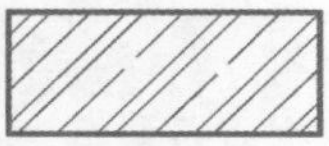	包括耐酸砖等砌体
9	空心砖、空心砌块		包括空心砖、普通或轻骨料混凝土小型空心砌块等砌体
10	饰面砖		包括铺地砖、马赛克、陶瓷锦砖、人造大理石等
11	焦渣、矿渣	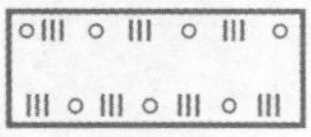	包括与水泥、石灰等混合而成的材料
12	混凝土	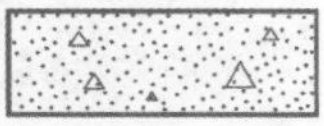	1. 包括各种强度等级、骨料、添加剂的混凝土 2. 在剖面图上绘制表达钢筋时,不需绘制图例线
13	钢筋混凝土		3. 断面图形小,不易绘制表达图例线时,可填黑或深灰(灰度宜为70%)
14	多孔材料		包括水泥珍珠岩、沥青珍珠岩、泡沫混凝土、软木、蛭石制品等
15	纤维材料	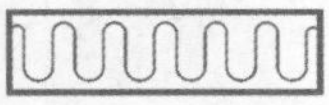	包括矿棉、岩棉、玻璃棉、麻丝、木丝板、纤维板等
16	泡沫塑料材料	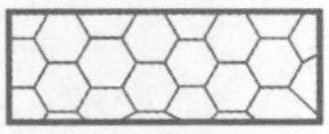	包括聚苯乙烯、聚乙烯、聚氨酯等多孔聚合物类材料
17	木材	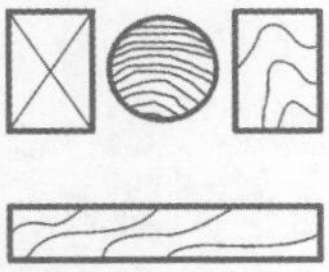	1. 上图为横断面,左上图为垫木、木砖或木龙骨 2. 下图为纵断面

续表

序号	名 称	图 例	备 注
18	胶合板		应注明为×层胶合板
19	石膏板	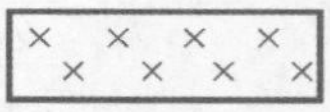	包括圆孔或方孔石膏板、防水石膏板、硅钙板、防火石膏板等
20	金属		1.包括各种金属 2.图形较小时,可填黑或深灰(灰度宜为70%)
21	网状材料		1.包括金属、塑料网状材料 2.应注明具体材料名称
22	液体	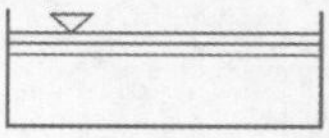	应注明具体液体名称
23	玻璃		包括平板玻璃、磨砂玻璃、夹丝玻璃、钢化玻璃、中空玻璃、夹层玻璃、镀膜玻璃等
24	橡胶		
25	塑料		包括各种软、硬塑料及有机玻璃等
26	防水材料		构造层次多或比例大时,采用上面图例
27	粉刷		本图例采用较稀的点

注:序号1,2,5,7,8,13,14,16,17,18 图例中的斜线、短斜线、交叉斜线等均为45°。

此外,因设计表达的需要,还可采用表 2-7 所示的常用室内设计图例。

2. 字体、图线等

字体、图线等制图要求同建筑工程施工图。

3. 图纸目录及设计说明

一套图纸应有自己的目录,装饰工程施工图也不例外。在第一页图的适当位置编排本套图纸的目录(有时采用 A4 幅面专设目录页),以便查阅。图纸目录包括图别、图号、图纸内容、采用标准图集代号、备注等。在装饰工程施工图中,一般应将工程概况、设计风格、材料选用、施工工艺、做法及注意事项,以及施工图中不易表达或设计者认为重要的其他内容写成文字,编写成设计说明(有时也称为施工说明)。

表 2-7　常用室内设计材料图例

图　例	说　明	图　例	说　明
	双人床		立式小便器
			装饰隔断应用说明
	单人床		玻璃护栏
		ACU	空调器
	沙发（特殊家具根据实际情况绘制其外轮廓线）		电视
	凳	W	洗衣机
	桌	WH	热水器
	钢琴		灶
	地毯		浴霸
	盆花		电话
	吊柜		开关
			插座
茶水柜	其他家具可在矩形或实际轮廓内文字注明		配电箱
	衣柜		电风扇
			壁灯
			吊灯
	浴盆		洗涤器
	坐便器		污水池
			淋浴器
	洗脸盆		蹲便器

第四节　实训指导

实训一　室内设计平面、立面图识图实训

1. 实训目的

通过对室内设计平面、立面图的识图训练,提高学生的识图能力,增强学生对建筑结构的感性认识。对有关知识进行全面的复习和综合运用,从而培养学生的工程意识,贯彻、执行国家标准的意识,为后续的专业课打下良好基础。

2. 实训项目

识读某装饰平面布置图,如图2-7至图2-10所示。

3. 实训步骤

①识读第二节内容中图2-7至图2-10各图;

②结合图2-7至图2-10识读图2-11和图2-12所示给定位置的立面图。

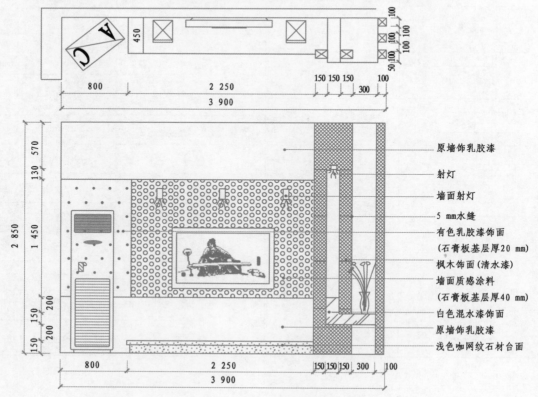

图2-11　客厅B立面图(1:20)

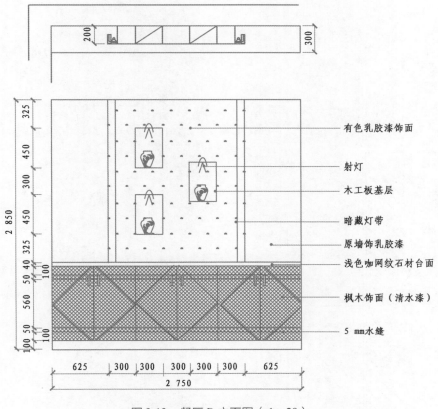

图 2-12　餐厅 D 立面图（1∶20）

实训二　室内设计剖面图识读实训

1. 实训目的

通过本实训,提高学生识读剖面图的能力,能正确完成相应专业图的识读及绘制,为学习后续课程打下牢固的基础,提高学生实际工作技能,以满足企业用人的需要。

2. 实训安排

识读图 2-13 所示剖面图。

实训三　室内设计施工图制图实训

1. 实训目的

通过本实训,使学生学会运用绘图基本知识,紧密结合专业实际,能正确完成相应专业图的绘制,从而培养学生的工程意识,贯彻、执行国家标准的意识,为学习后续课程打下牢固的基础。

2. 实训安排

抄绘图 2-7 所示平面布置图。

3. 实训要求

①图纸:A3 图幅。

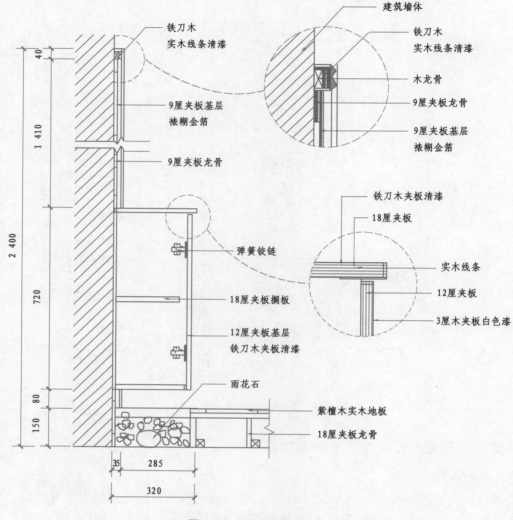

图 2-13　剖面图（1∶20）

②图名：平面布置图。

③比例：自定。

④图线：墨线图。

⑤字体：汉字用长仿宋体。图名用 10 号字,文字说明用 5 号字,尺寸数字用 3.5 号字,轴线编号圆圈中的数字用 5 号字。作图准确,图线粗细分明,尺寸标注无误,字体端正整洁。图面布置合理,整洁。

第三章
室内设计相关材料知识实训

知识目标：

● 理解装饰工程中常用建筑材料的基本性质。

● 掌握各类室内设计材料的性能、用途和使用方法。

能力目标：

● 能够熟练识读室内设计施工图，以及密切联系装饰工程施工中材料的应用情况，了解有关室内设计材料的新品种、新标准。

● 能根据不同的室内设计工程、不同的使用条件和部位正确选择室内设计材料。

开章语：

室内设计材料是集材料、工艺、造型设计、色彩、美学于一身的材料。它涉及的范围很广，不但涉及传统的建筑材料，如石材、木材、陶瓷等，还涉及化工建材、塑料建材、纺织建材、冶金建材等各种新型建筑材料，品种已达几万种之多，因此对其进行分类的方法也有很多。按装饰材料的化学性质，可将其划分为有机装饰材料（如建筑塑料类的壁纸、地板、胶黏剂及有机高分子涂料等）和无机装饰材料两大类。其中无机装饰材料又分为金属装饰材料（如铝合金、不锈钢、铜等）和非金属装饰材料（如饰面石材、陶瓷、玻璃等）。以下介绍几种常用室内设计材料。

第一节　木质类装饰材料

　　木质类装饰材料是指包括木材、竹材以及以木材、竹材为主要原料加工而成的一类适合于室内设计装修的材料。

　　木材和竹材是人类较早应用于建筑以及装饰装修的材料之一。由于木材、竹材具有许多其他材料不可替代的优良特性，因此它们仍然是室内设计装修和建筑领域不可缺少的材料。其特点可以归纳如下：

　　（1）不可替代的天然性

　　木材、竹材是天然的，有独特的质地与构造，其纹理、年轮和色泽等能够给人们一种回归自然、返璞归真的感觉，深受广大人民的喜爱。

　　（2）典型的绿色材料

　　木材、竹材本身不存在污染源，其散发的清香有益于人们的身体健康。与塑料、钢铁等材料相比，木材、竹材是可循环利用和永续利用的材料。

　　（3）优良的物理力学性能

　　木材、竹材是质轻而高比强度的材料，具有良好的绝热、吸声、吸湿和绝缘性能。同时，木材、竹材与钢铁、水泥和石材相比，具有一定的弹性，可以缓和冲击力，提高人们居住和行走的安全。

　　（4）良好的加工性

　　木材、竹材可以方便地进行锯、刨、铣、钉、剪等机械加工和贴、粘、涂、画、烙、雕等装饰加工。

　　基于上述特点，木质类装饰材料仍然是室内设计领域中应用较多的材料之一。它们有的具有天然的花纹和色彩，有的具有人工制作的图案，有的体现出大自然的本色，有的显示出人类巧夺天工的装饰本领，为装饰世界带来了清新、欢快、淡雅、华贵、庄严、肃静、活泼、轻松等各种各样的气氛。

　　现在市场上经常见到的木质类装饰材料主要是各种木质人造板、人造饰面板、拼装木地板和木线条等。

一、木质人造板

　　木质人造板是利用木材、木质纤维、木质碎料或其他植物纤维为原料，加胶黏剂和其他添加剂制成的板材。木质人造板的主要品种有单板、胶合板、纤维板、刨花板、细木工板、碎木板和木丝板。

　　胶合板：胶合板是用椴木、桦木、水曲柳以及部分进口原木，沿年轮旋切成大张薄片，经过干燥、涂胶，按各层纤维互相垂直的方向互相重叠，在热压机上加工而成。胶合板的层数为奇数，如 3，5，7 等。其优点是提高了木材的利用率；材质均匀，强度高，幅面宽；不翘不裂，干湿变形小;板面有美丽的花纹,装饰性好。

纤维板:将木材加工下来的树皮、刨花、树枝、稻草、麦梗、玉米秸秆等废料,经破碎浸泡、研磨成木浆,再加入一定的胶合料,经热压成型、干燥处理而成的人造板材。纤维板按性能不同分为硬质纤维板、半硬质纤维板和软质纤维板3种。

刨花板:又称为碎料板,是用木质碎料为主要原料(木丝、木屑、短小废木料、甘蔗渣等),施加胶合材料、添加剂,经压制而成的薄型板材的统称。按压制方法,可将刨花板分为挤压刨花板、平压刨花板两类。

细木工板:俗称大芯板、木芯板、木工板,是由两片单板中间胶压拼接木板而成。细木工板属于特种胶合板,质坚、吸声、绝热等,适用于家具、车厢和建筑物内装修。

碎木板:是用木材加工的边角余料,经切碎、干燥、拌胶、热压而成。

木丝板:类似于刨花板,只是所用胶料为合成树脂或为水泥、菱苦土等无机胶凝材料。又名万利板,是利用木材的下脚料,用机器刨成木丝,经过化学溶液的浸透,然后拌和水泥,入模成型加压、热蒸、凝固、干燥而成。木丝板主要用作隔热吸声材料,或代替木龙骨使用。

二、人造饰面板

人造饰面板包括装饰微薄木贴面板、大漆装饰面板、印刷木纹人造板等。

装饰微薄木贴面板:是一种新型高级装饰材料,它是利用珍贵树种,如柚木、水曲柳等通过精密刨切成厚度为 $0.2 \sim 0.5$ mm 的微薄木片,以胶合板为基材,采用先进的胶黏剂及胶粘工艺制作而成。

大漆装饰面板:是我国特有的装饰板材之一,它是以我国独特的大漆技术,将中国大漆漆于各种木材基层上制成。

印刷木纹人造板:又名表面装饰人造板,是一种新型的饰面板。它是在人造板表面用凹板花纹胶辊转印套色印刷机,印以各种花纹(如木纹)而制成。其种类有印刷木纹胶合板、印刷木纹纤维板、印刷木纹刨花板等。

三、拼装木地板

拼装木地板是用水曲柳、柞木、核桃木、柚木等优良木材,经干燥处理后,加工成的条状小木板。它们经拼装后可组成美观大方的图案,如图3-1所示。

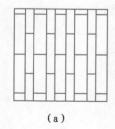　　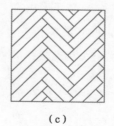　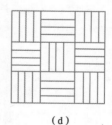

（a）　　　　　　　　（b）　　　　　　　　（c）　　　　　　　　（d）

图3-1　拼装木地板

四、木线条

木线条是选用质硬、木质较细、耐磨、耐腐蚀、不劈裂、切面光滑、加工性质良好、油漆性上色性好、黏结性好、钉着力强的木材，经过干燥处理后，用机械加工或手工加工而成。其种类繁多，主要有楼梯扶手、压边线、墙腰线、天花角线、弯线、挂镜线等。各类木线立体造型各异，每类木线又有多种断面形状，例如有平线、半圆线、麻花线、鸡尾形线、半圆饰、齿形饰、浮饰、贴附饰、钳齿饰、十字花饰、梅花饰、叶形饰以及雕饰等，如图3-2和图3-3所示。

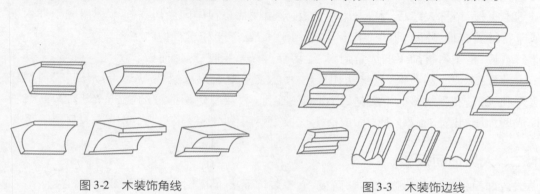

图3-2　木装饰角线　　　　　　　　　　　　图3-3　木装饰边线

第二节　石材类装饰材料

装饰石材包括天然石材和人造石材两类。石材来自岩石，岩石按形成条件可分为火成岩、沉积岩和变质岩三大类。装饰石材是由采石场采出的天然石材荒料，或大型工厂生产出的大块人造石基料，按用户要求加工成各类板材或特殊形状的产品。石材的加工一般有锯切和表面加工。

一、天然石材

天然石材是指从天然岩体中开采出来的，经加工成块状或板状材料的总称。它是一种具有悠久历史的建筑材料，河北赵州桥和江苏洪泽湖的洪湖大桥均为著名的古代石材建筑结构。天然石材作为结构材料来说，具有较高的强度、硬度和耐磨、耐久等优良性能；而且，天然石材经表面处理可以获得优良的装饰性能，对建筑物起保护和装饰作用。

室内设计用天然石材主要有大理石和花岗石两种。大理石是指沉积的或变质的碳酸盐岩类的岩石，有大理岩、白云岩、灰岩、砂岩、页岩和板岩等。《天然大理石建筑板材》（GB/T 19766—2016）对光泽度值进行了等级划分，而且由于石材所含化学成分的不同，相同等级大理石的最低光泽度值也是不一样的。这个最低光泽度值是充分考虑了石材的组成成分（矿物组成和化学组成）对抛磨光加工工艺的影响，同时结合大量的实验数据而定的。优等品的最低光泽度值按化学主成分不同可分成3类，分别为90，80，60光泽单位。

石材光泽度的好坏,一方面取决于组成岩石的各种矿物质的反射率的大小;一方面则与饰面石材表面的微观结构密切相关,也就是与石材表面加工的优劣程度相关。

天然花岗石是火成岩,也称为酸性结晶深成岩,属于硬石材。它由长石、石英及少量云母组成。花岗石构造紧密,呈整体的均粒状结构。品质优良的花岗石石英含量高,云母含量少,结晶均匀,纹理呈斑点状,这是外观上区分大理石和花岗石的主要特征。

二、人造石材

人造石材又称为合成石,是采用无机或有机胶凝材料作为黏结剂,以天然砂、碎石、石粉或工业渣作为粗细填充料,经成型、固化或表面处理而成的一种人造材料,如人造大理石、人造花岗石、人造砂岩等。以人造大理石的应用较为广泛。由于天然石材的加工成本高,现代室内装饰也常采用人造石材。它具有质量轻、强度高、装饰性强、耐腐蚀、耐污染、生产工艺简单以及施工方便等优点,因而得到了广泛应用。

人造大理石又称为塑料混凝土,它是以不饱和聚酯树脂作为黏合剂,石粉、石渣作为填充材料,当不饱和聚酯树脂在固化过程中把石渣、石粉均匀牢固地黏结在一起后,即形成坚硬的人造大理石。在室内装修施工中,将天然大理石大面积用于室内装修会增加楼体承重,而人造大理石就克服了上述缺点。这种材料质量轻(比天然大理石轻25%左右)、强度高、厚度薄,并易于加工,拼接无缝、不易断裂,能制成弧形,曲面等形状,比较容易制成形状复杂、多曲面的各种各样的洁具,如浴缸、洗脸盆、坐便器等,并且施工比较方便,使用性能高。综合来讲就是:强度、硬度高,耐磨性能好、厚度薄、质量轻、用途广泛、加工性能好。

人造石材按照使用的原材料分为4类,即水泥型人造石材、树脂型人造石材、复合型人造石材和烧结型人造石材。

1. 水泥型人造石材

水泥型人造石材是以各种水泥(硅酸盐水泥、白色或彩色硅酸盐水泥、铝酸盐水泥等)为胶凝材料,天然砂为细集料,碎大理石、碎花岗石、工业废渣等为粗集料,经配料、搅拌、成型、加压蒸养、磨光、抛光等工序而制成。通常所用的水泥为硅酸盐水泥,现在也有用铝酸盐水泥作黏结剂,用它制成的人造大理石具有表面光泽度高、花纹耐久、抗风化,耐火性、防潮性都优于一般的人造大理石。这是因为铝酸盐水泥的主要矿物成分——铝酸一钙水化生成了氢氧化铝胶体,在凝结过程中,与光滑的模板表面接触,形成氢氧化铝凝胶层;与此同时,氢氧化铝胶体在硬化过程中不断填塞水泥石的毛细孔隙,形成致密结构。所以,制品表面光滑,具有光泽且呈半透明状,成本低,但耐酸腐蚀能力较差,若养护不好,容易产生龟裂。

2. 树脂型人造石材

树脂型人造石材多是以不饱和聚酯为黏结剂,与石英砂、大理石、方解石粉等搅拌混合,浇铸成型,经固化、脱模、烘干、抛光等工序而制成。目前,国内外人造大理石以聚酯型为多。这种树脂的黏度低,易成型,常温固化。其产品光泽性好,颜色鲜亮。

3. 复合型人造石材

复合型人造石材的黏结剂中既有无机材料,又有有机高分子材料。先将无机填料用无机胶黏剂胶结成型;养护后,再将坯体浸渍于有机单体中,使其在一定条件下聚合。板材制品的底材要采用无机材料,其性能稳定且价格较低;面层可采用聚酯和大理石粉制作,以获得最佳的装饰效果。无机胶结材料可用快硬水泥、白水泥、铝酸盐水泥以及半水石膏等。有机单体可以采用苯乙烯、甲基丙烯酸甲酯、醋酸乙烯、丙烯腈、二氯乙烯、丁二烯等,这些树脂可单独使用或组合起来使用,也可以与聚合物混合使用。

4.烧结型人造石材

烧结型人造石材的生产方法与陶瓷相似,是将长石、石英、辉绿石、方解石等粉料和赤铁矿粉及一定量的高岭土共同混合,用泥浆法制备坯料,用半干压法成型,在窑炉中用 1 000 ℃左右的高温烧结而成。

第三节 玻璃类装饰材料

玻璃是以石英砂、纯碱、石灰石等无机氧化物为主要原料,与某些辅助性原料经高温熔融,成型后经过冷却而成的固体。与陶瓷不同的是,它是无定形非结晶体的均质同向性材料。

玻璃是现代室内装饰的主要材料之一。目前玻璃制品正在向多品种、多功能方向发展,如由过去单纯作为采光和装饰功能,逐渐向控制光线、调节热量、节约能源、控制噪声、降低建筑自重、改善建筑环境、提高建筑艺术等多种功能发展,具有高度装饰性和多种适用性的玻璃新品种不断出现,为室内外装饰装修提供了更大的选择性。

玻璃的品种有很多,可以按化学组成功能来分类。

一、按玻璃的化学组成分类

1.钠玻璃

钠玻璃主要由氧化硅、氧化钠、氧化钙组成,又名钠钙玻璃或普通玻璃,含有铁杂质使制品带有浅绿色。钠玻璃的力学性质、热性质、光学性质及热稳定性较差,用于制造普通玻璃和日用玻璃制品。

2.钾玻璃

钾玻璃是以氧化钾代替钠玻璃中的部分氧化钠,并适当提高玻璃中氧化硅含量制成。它硬度较大,光泽度好,又称为硬玻璃。钾玻璃多用于制造化学仪器、用具和高级玻璃制品。

3.铝镁玻璃

铝镁玻璃是以部分氧化镁和氧化铝代替钠玻璃中的部分碱金属氧化物、碱土金属氧化物及氧化硅制成。它的力学性质、光学性质和化学稳定性都有所改善,用来制造高级建筑玻璃。

4. 铅玻璃

铅玻璃又称为铅钾玻璃、重玻璃或晶质玻璃。这种玻璃透明性好,质软,易加工,光折射率和反射率较高,化学稳定性好,用于制造光学仪器、高级器皿和装饰品等。

5. 硼硅玻璃

硼硅玻璃又称为耐热玻璃。它有较好的光泽度和透明性,力学性能较强,耐热性、绝缘性和化学稳定性好,可用来制造高级化学仪器和绝缘材料。

6. 石英玻璃

石英玻璃是由纯净的氧化硅制成,具有很强的力学性质,热性质、光学性质、化学稳定性也很好,并能透过紫外线。它用来制造高温仪器灯具、杀菌灯等特殊制品。

二、按玻璃在建筑上的功能分类

1. 普通建筑玻璃

普通建筑玻璃是玻璃深加工的基础材料,按在建筑物上的作用又分为普通平板玻璃和装饰玻璃两类。

(1)普通平板玻璃

普通平板玻璃又称为白片玻璃,属于钠玻璃。其特点是透光、挡风,有一定的保温、隔热功能和一定的机械强度;材性较脆,紫外线透过率低。

(2)装饰玻璃

①毛玻璃(磨砂玻璃):透光不透视,具有漫射光,可制成各种图案。毛玻璃主要用于卫生间、浴室、办公室的采光及灯箱。

②彩色玻璃:具有多种色彩,分为透明与不透明两类。彩色玻璃主要用于门窗、屏风、隔断等。

③花纹玻璃:分压花、雕花、热熔立体玻璃几大类。这类玻璃立体感强,图案丰富,透光不透视,具有漫射光、装饰效果好等特点。花纹玻璃主要用于门窗、隔断、屏风等。

2. 节能玻璃

(1)吸热玻璃

吸热玻璃能吸收阳光中大量的辐射热(红外线、近红外线),同时又能保持良好的透视性。吸热玻璃用于炎热地区的建筑门窗、玻璃幕墙、车辆的挡风玻璃、博物馆等。

(2)热反射玻璃

热反射玻璃又称为镀膜玻璃或阳光控制膜玻璃,是由无色透明的平板玻璃镀覆金属膜或金属氧化物(金、银、铜、铝等)膜而成。其具有较强的热反射性能(又称为镜面效应)、隔热性能和单向透视性能。热反射玻璃用于建筑物的门窗和玻璃幕墙,尤其是炎热地区,以及需私密隔离的室内设计部位和作高性能中空玻璃的玻璃原片。

(3)变色玻璃

变色玻璃是一种随外部条件的变化而改变自身颜色的玻璃。它是一种掺入特殊成分的平板玻璃,包括彩色玻璃、吸热玻璃、光致变色玻璃、太阳能玻璃等。

（4）中空玻璃

中空玻璃是用两片或多片平板玻璃沿周边隔开并用高强的气密性黏结剂将其与密封条密合而成。在每两片玻璃之间充有干燥空气,并在铝合金隔框内放有干燥剂。

三、建筑玻璃的加工与装饰方法

1. 研磨与抛光

为了使制品具有需要的尺寸和形状或平整光滑的表面,可采用不同磨料进行研磨,开始用粗磨料研磨,然后根据需要逐级使用细磨料,直至玻璃表面变得较细微。需要时,再用抛光材料进行抛光,使其表面变得光滑、透明,并具有光泽。经研磨、抛光后的玻璃称为磨光玻璃。

常用的玻璃是金刚石、刚玉、碳化硅、碳化硼、石英砂等。抛光材料有氧化铁、氧化铬、氧化铈等金属氧化物。抛光盘一般用毛毡、呢绒、马兰草根等制作。

2. 钢化、夹层、中空

钢化玻璃是在炉内将平板玻璃均匀加热到 600 ~ 650 ℃后,喷射压缩空气使其表面迅速冷却而制成,其制品具有很高的物理力学性能。

夹层玻璃是将两块或两块以上的平板玻璃用塑料薄膜或其他材料夹于其中,在热压条件下使其组成一体。

中空玻璃是将两块玻璃之间的空气抽出后充入干燥空气,用密封材料将其周边封固而成。

3. 表面处理

表面处理是玻璃生产中十分重要的工序。其目的与方法大致如下所述。

（1）化学蚀剂

目的是改变玻璃表面质地,形成光滑面和散光面。用氢氟酸类溶液进行侵蚀,使玻璃表面呈现凹凸形或去掉凹凸形。

（2）表面着色

在高温或电浮条件下,金属离子会向玻璃表面层扩散,使玻璃表面呈现颜色,因此可将着色离子的金属、熔盐、盐类的糊膏涂覆在玻璃表面,在高温或电浮条件下使玻璃表面着色。

（3）表面金属涂层

玻璃表面可以镀上一层金属薄膜以获得新的功能,方法有化学法和真空沉积法及加热喷涂法等。

第四节　裱糊类装饰材料

裱糊类装饰材料多用于建筑内墙,是将卷材类软质饰面装饰材料用胶粘贴到平整基层上的装修做法。裱糊类装饰材料装饰性强,造价较经济,施工方法简便、效率高,饰面材料更换方便,在曲面和墙面转折处粘贴可以获得连续的饰面效果。

裱糊类墙面的装饰材料种类很多,常用的有墙纸、墙布、锦缎、皮革、薄木等。墙纸以 80 g/m^2 的原纸为基材,涂塑 100 g/m^2 的 PVC 糊状树脂,经压花、印花而成。墙纸品种多,适用面广,价格低,属普及型。一般住房、公共建筑的内墙装饰都使用这类墙纸,是生产最多、使用最普遍的品种。墙纸又分为单色压花、印花压花、有光压花、平光压花等品种。墙布又称"壁布",是裱糊墙面的织物。用棉布为底布,并在底布上施以印花或轧纹浮雕,也有的以大提花织成,所用纹样多为几何图形和花卉图案。锦缎、皮革和薄木裱糊墙面属于高级室内装修,用于室内使用要求较高的场所。

第五节　金属类装饰材料

金属类装饰材料品种繁多,尤其是钢、铁、铝、铜及其合金材料,它们耐久、轻盈,易加工、表现力强,这些特质是其他材料所无法比拟的。金属类装饰材料还具有精美、高雅、高科技的特点,成为一种新型的所谓"机器美学"的象征。因此,在现代室内设计中,金属类装饰材料被广泛地采用,如柱子外包不锈钢板或铜板,墙面和天棚镶贴铝合金板,楼梯扶手采用不锈钢管或铜管,隔墙、幕墙用不锈钢板等。

一、金属类装饰材料的种类

金属类装饰材料有各种金属及合金制品,如铜和铜合金制品、铝和铝合金制品、锌和锌合金制品、锡和锡合金制品等,但应用最多的还是铝与铝合金以及钢材及其复合制品。

1. 铝

铝是有色金属中的轻金属,密度为 $2\ 700 \text{ kg/m}^3$,银白色。铝的导电性能和导热性能都很好,化学性质也很活泼,暴露于空气中,表面易于生成一层氧化铝薄膜,保护下面金属不再受到腐蚀,所以铝在大气中耐蚀性较强,但因薄膜极薄,因而其耐蚀性有一定限度。纯铝具有很好的塑性,可制成管、棒、板等。但铝的强度和硬度较低。铝的抛光表面对白光的反射率达 80% 以上,对紫外线、红外线也有较强的反射能力。铝还可以进行表面着色,从而具有良好的装饰效果。

2. 不锈钢室内装饰制品

不锈钢是含铬 12% 以上,具有耐腐蚀性能的铁基合金。不锈钢可分为不锈耐酸钢和不锈钢两种。能抵抗大气腐蚀的钢称为不锈钢,而在一些化学介质(如酸类)中能抵抗腐蚀的钢称为耐酸钢,通常将这两种钢统称为不锈钢。用于装饰上的不锈钢主要是板材,不锈钢板是借助于不锈钢板的表面特征来达到装饰目的的,如表面的平滑性和光泽性等。在不锈钢板上进行技术性和艺术性加工,使其表面成为具有各种绚丽色彩的不锈钢装饰板,称为彩色不锈钢板。其颜色有蓝、灰、紫、红、青、绿、金黄、橙、茶色等。还可通过表面着色处理,制得褐、蓝、黄、红、绿等各种彩色不锈钢,既保持了不锈钢原有的优异的耐蚀性能,又进一步提高了它的装饰效果。

3. 铜及铜合金

纯铜是紫红色的重金属,又称为紫铜。铜和锌的合金称为黄铜。其颜色随含锌量的增加由黄红色变为淡黄色,其机械性能比纯铜高,价格比纯铜低,也不易锈蚀,易于加工制成各种建筑五金、建筑配件等。

铜和铜合金装饰制品有铜板、黄铜薄壁管、黄铜板、铜管、铜棒、黄铜管等。它们可作柱面、墙面装饰,也可制作成栏杆、扶手等装饰配件。

4. 金箔

金箔是以黄金为颜料而制成的一种极薄的饰面材料,厚度仅为 0.1 μm 左右。目前应用较多的是国家重点文物和高级建筑物的局部用金箔装裱润色。金字招牌是金箔应用的一种创新,是其他材料制作的招牌无法比拟的,豪华名贵,永不褪色,能保持 20 年以上。其价格比一般铜字招牌贵 1 倍左右,但外表色彩与光泽、使用年限都明显好于铜字招牌。

二、金属类装饰材料的样式

金属类装饰材料主要为各种板材,如波纹板、冲孔板。其中波纹板可增加强度,降低板材厚度以节省材料,也有其特殊装饰风格。冲孔板的主要特点是增加其吸声性能,大多用作吊顶材料。孔形有圆孔、方孔、长圆孔、长方孔、三角孔、菱形孔、大小组合孔等。

第六节　陶瓷类装饰材料

在室内设计中,陶瓷是最古老的装饰材料之一。随着现代科学技术的发展,陶瓷在花色、品种、性能等方面都有了巨大变化,为现代室内装饰工程带来了越来越多兼具实用性和装饰性的材料。陶瓷在建筑工程中应用十分普遍。

从产品种类分,陶瓷可以分为陶器与瓷器两大类。陶器通常有较大的吸水率(大于10%),断面粗糙无光,不透明,敲之声音粗哑,可施釉或不施釉。瓷器坯体致密,基本上不吸水,强度高,耐磨,半透明,通常施釉。另外,还有一类产品介于陶器与瓷器之间,称为炻器,也称为半瓷。炻器与陶器的区别在于陶器坯体是多孔的,而炻器坯体孔隙率很低;而它与瓷器的主要区别是炻器多数带有颜色且无半透明性。

陶器分为粗陶和精陶两种。粗陶的坯料由含杂质较多的砂黏土组成,建筑上常用的砖、瓦及陶管等均属于这一类产品。精陶指坯体呈白色或象牙色的多孔制品,多以塑性黏土、高岭土、长石和石英等为原料。精陶通常要经过素烧和釉烧两次烧成。建筑上常用的釉面砖就属于精陶。

炻器按其坯体的细密性、均匀程度及粗糙程度分为粗炻器和细炻器两大类。室内设计用的外墙砖、地砖以及耐酸化工陶瓷等均属于粗炻器。日用炻器及陈设品,如我国著名的宜兴紫砂陶即是一种无釉细炻器。炻器的机械强度和热稳定性均优于瓷器,且成本较低。

第七节　实训指导

实训一　收集室内装饰材料

1. 实训目的

通过对室内装饰材料进行收集,使同学们对室内装饰材料有直观的了解。

2. 实训项目

去建筑市场收集装饰材料。

3. 实训安排

4～6人一组,每组收集一类材料,带回学校后汇总并陈列展示。

实训二　室内设计材料的认识

1. 实训目的

通过对装饰材料的外观观察,知道材料的外观特征,了解相应材料的使用范围,掌握识别材料的基本方法,懂得区分材料品种的一般特征。

2. 实训项目

室内设计材料(石材、木材)的认识。

3. 实训步骤

①目测材料样品的外观性质。

②用测具检测材料的外形、几何尺寸。

③按照样品编号,书写样品检测报告,写出相应的名称、外观特征、几何尺寸,指出相应的材料用途。

④样品放置回原处。

第四章
室内设计色彩知识实训

知识目标：

● 了解色彩的基本概念。

● 理解不同室内色彩的作用效果及适用范围。

● 掌握室内色彩设计的基本原则和基本方法。

能力目标：

● 能够将各种色彩设计方法应用到实际操作中。

● 能根据常用室内色彩的特点、作用与效果完成室内设计。

● 能通过住宅色彩设计掌握室内色彩设计的方法。

开章语：

本章的目的是让学生能熟练掌握色彩的基本知识、色彩的作用与效果以及室内色彩设计的方法，最终能够理论联系实际，将色彩的知识运用到住宅装饰设计甚至是室内设计设计中。

第一节　色彩的基本概念

一、光与色

现代科学和色彩学一般认为,宇宙万物的丰富色彩无不来源于光的照射。光来源于发光体,而发光体又包含自然发光体和人工发光体。人类运用能量转换制造的电灯就是典型的人工发光体,太阳则是标准的自然发光体。17 世纪英国物理学家牛顿用三棱镜将白光分解成红、橙、黄、绿、青、蓝、紫各种颜色的光,而这些色光又都是因为太阳表面的不同金属物质燃烧而产生的。这种混合而成的太阳光照射到各种物体上,由于不同物体吸收和反射色光的特性千差万别,因此形成了千变万化的丰富色彩。

二、色彩三要素

世界上几乎没有相同的色彩,根据人自身的条件和观看的条件,人们可看到200 万 ~800 万个颜色。色彩具有明度、色相和纯度 3 种性质,这 3 种性质是色彩最基本的构成元素。

1. 明度

明度即色彩的明暗程度,任何色彩都有自己的明暗特征。从光谱上可以看到最明亮的是黄色,最暗的是紫色。越接近白色明度越高,越接近黑色明度越低。任何色彩加入白色则明度提高,加入黑色则明度降低。明度在色彩三要素中可以不依赖于其他性质而单独存在,任何色彩都可以还原成明度关系来考虑,黑白之间可以形成许多明度台阶。图 4-1 所示为色彩的明度推移变化。

图 4-1　色彩的明度推移变化

2. 色相

色相是指每种颜色的相貌,是区别于其他颜色的名称。由于各种色光不同的波长和受光物体质地的差异,人们感觉到的色相就千变万化。除了上面说到的光谱基本色以外,人们还可以感受出很多种色彩,如红色中可以分辨出朱红、大红、深红、曙红、土红等色相。

3. 纯度

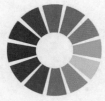

图 4-2 色环

纯度即色彩的鲜艳度,或称色彩的纯净饱和程度。从科学的角度看,一种颜色的鲜艳度取决于这一色相发射光的单一程度。在日常的视觉范围内,眼睛看到的色彩绝大多数是含灰的色,也就是不饱和的色。同一色相即使纯度发生了细微的变化,也会带来色彩性格的变化,如图 4-2 所示。

三、光源色、物体色、固有色、环境色

1. 光源色

各种光源发出的光谱是不同的,所含各波长的光波的比例不同、强弱不同,从而呈现出不同的色光,称为光源色。如白炽灯泡发出的光因所含黄色和橙色波长的光波较多而呈现黄色,普通荧光灯发出的光因含蓝色波长的光波较多则呈蓝色。

2. 物体色

通常人们看到的非发光物体的颜色取决于物体吸收、反射或透射的色光,称为物体色。物体色不是一成不变的,它会因光源色的改变而发生变化。

3. 固有色

固有色是指物体在正常的白色日光下所呈现的色彩特征,由于它具有普遍性,便在人们的知觉中形成了对某一事物特定的色彩印象。如大海是蓝色的、树木是绿色的、玫瑰是红色的,香蕉是黄色的。但实际上,太阳光是变化的,因此固有色也是相对的概念,不过人们在生活中的色彩印象常因经验判断而显得相对稳定。

4. 环境色

任何物体都不是孤立存在的,物体必然会受到周围环境物体色的影响,并带来色彩变化,这种能引起物体色彩变化的环境物体色即是环境色。

由此可见,人们觉察到的任何物体的颜色实际上是在一定光源色照射下,受环境色影响的物体色的反映,但固有色对人的影响也是显著的。

第二节 室内色彩的作用与效果

一、色彩的物理作用

任何物体都呈现出一定的色彩,从而形成五彩缤纷的物质环境。色彩可以影响人们的视觉效果,使物体的尺度、冷暖、远近、轻重等在人的主观感受中发生一定的变化,这就是色彩的物理作用效果。

1.温度感

温度感即色彩的冷暖感觉,通常称为色性。在色彩学中,色彩分为冷色系和暖色系,红、橙、黄等为暖色系,青、蓝等为冷色系。暖色如红、黄使人联想到火与寒冬的太阳,感觉温暖;而冷色如蓝色使人联想到海洋与冰雪,产生寒冷感等。色彩的冷暖与明度、纯度有密切的关系。一般来说,明度高的为暖色,明度低的为冷色。高纯度的色一般有暖感,低纯度的色一般有冷感。无彩色系中白色有冷感,黑色有暖感,灰色属中性。

在具体色彩环境中,各色的冷暖感觉并不是绝对的。例如黄色与蓝色相比,黄色是暖色;而与红、橙相比,黄色又偏冷了(图4-3)。

(a)黄与蓝　　　　**(b)黄与橙**　　　　**(c)黄与红**

图4-3　色彩的冷暖对比

在室内设计中,可以利用色彩的物理作用调节空间的温度感,如在炎热的夏天,可以青、蓝等冷色作为居室的主色调,从而使人获得清凉、舒爽感。

2.距离感

色彩可以使人产生进退、凹凸、远近等不同感受,即色彩的距离感。

一般而言,色彩的距离感与色相有关。暖色系的色彩具有前进、凸出、拉近距离的效果,而冷色系的色彩具有后退、凹进、远离的效果。如在同一白墙上有两个相同的红色圆与蓝色圆,红色圆感觉比蓝色圆距离我们近。

色彩的距离感与明度及纯度也有一定的关系。高明度、高纯度的色彩有前进、凸出感,低明度、低纯度的色彩有后退、凹陷感。

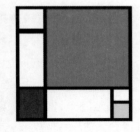

色彩的距离感又受色性的影响。例如,白色与淡黄色相比,虽然白色明度高,但淡黄色较白色为暖,因而感觉淡黄色为近色,白色为远色。

色彩的面积大小对色彩的距离感也有影响。一般来说,大面积的颜色具有前进感,小面积的颜色具有后退感(图4-4)。

图4-4　色彩的面积对比

因此,可以利用色彩的这一物理作用来改善、修正空间的形态或比例关系。例如,如果房间过于狭长,可以在两侧短墙上用暖色,两侧长墙上用冷色,从而使空间形态得到视觉上的改善。

3.重量感

色彩的重量感与色彩的明度和纯度有直接的关系。首先,明度高的色彩感觉轻,如桃红、浅黄色;明度低的色彩感觉重,如黑色、熟褐色等。其次是纯度,在同明度、同色相的条件下,纯度高的色彩感觉轻,纯度低的色彩感觉重。当然,在色相方面也有一定差异,暖色感觉较轻,冷色感觉较重。因此,在一般情况下,室内空间的天棚宜采用浅色,地面宜采用稍重一些的色彩,避免头重脚轻。

4.尺度感

色彩的尺度感主要取决于明度和色相。暖色和高明度的色彩具有扩散、膨胀的作用,而冷色和低明度的色彩则具有内聚、收缩的作用,因此相同的物体,色彩为暖色或明度较高的看起来比较大,色彩为冷色或明度较低的感觉比较小。

在室内设计中,可以利用色彩的这一作用,合理配置界面与家具陈设的色彩关系,以调整空间局部的尺度感,获得理想的空间效果。

二、色彩的生理作用

长时间受到某种色彩的刺激,不仅会影响人的视觉效果,还能造成人在生理方面的反应。如外科手术时医生长时间注视红色的血液,就会对红色产生疲劳,从而在眼帘中出现红色的补色绿色。因此,医生的手术服、手术室墙面等可采用绿色,以形成视觉的平衡。

同时,不同的色彩还会对人的心率、脉搏、血压等产生不同的影响。如红色刺激神经系统,会导致血液循环加快,产生兴奋感,时间太长,会产生疲倦、焦虑的感觉;橙色可以带来活力,引起兴奋,并能增进食欲;绿色能使人平静下来,促进人体新陈代谢,从而解除疲劳、调节情绪;蓝色可以缓解神经紧张,使人安静、稳定。

因此,在室内设计中,应充分考虑色彩的生理作用与效果,通过合理应用,满足人的视觉平衡要求,并取得适宜的空间效果和环境气氛。如餐厅空间,可适当使用橙色来增进人的食欲;办公等空间中可多设置绿色植物,以缓解疲劳,提高工作效率。

三、色彩的心理作用

色彩的心理效果是指色彩在人的心理上产生的反应。对于色彩的反应,不同时期、不同性别、不同职业、不同年龄的人的反应是不相同的,而且每个地区、每个民族对色彩的感情也不尽相同,带给人的联想也不一样。

白色是阳光之色,是光明的象征色。白色给人明亮、干净、纯洁、畅快、坦荡之感。但它没有强烈的个性,不能引起味觉的联想,但引起食欲的色中不应没有白色,因为它表示清洁可口。在西方,特别是欧美,白色是婚礼标志的色彩,表示爱情的纯洁和坚贞。但在东方,却把白色作为丧色。

黑色是无光之色,对人的心理影响是消极的。黑色象征着黑暗、沉默,让人感到漆黑、阴森、恐怖、沉重、无望、悲痛,甚至死亡。另一方面,黑色又具有安静、深思、坚持、严肃、庄重的感觉,它同时还有神秘、庄严、不可征服之感。

灰色能使人的视觉得到平衡,对人眼的刺激性不大,表现性和注目性较差。在心理上,对它反应平淡、乏味、抑制、枯燥、单调,甚至沉闷、寂寞、颓丧。许多鲜艳的色彩蒙上了灰,显得脏、旧、衰败、枯萎、不动人,所以人们常用灰色比喻丧失斗志、失去进取心、意志不坚、颓废不前,但灰色也给人柔和、高雅、谦逊、沉稳、含蓄、耐人寻味的印象。

红色是最鲜艳的色彩,能引起人的兴奋。红色光由于波长最长,穿透空气时形成的折射角度最小,在空气中辐射的直线距较远,在视网膜上成像的位置最深,给视觉以逼近的扩张感,被称为前进色。在自然界中,不少艳丽的鲜花以及丰硕甜美的果实,和不少新鲜美味的肉类食品,都呈现出动人的红色。因此在生活中,人们习惯以红色为兴奋与欢乐的象征。但红色又被看成是危险、灾难、爆炸、恐怖的象征色,因此人们也习惯把红色用作预警或报警的信号色。总之,红色是具有强烈而复杂心理作用的色彩,一定要慎重使用。

橙色是最活泼、最富有光彩的色彩,是最温暖的色彩。橙色使人联想到金色的秋天,含有成熟、富足、幸福之意,也代表着健康。

黄色是最明亮的色彩,它灿烂、辉煌,有着金色的光芒,象征着光明、财富和权力,使人精神愉快。

绿色是大自然的颜色,它不刺激眼睛,可以让人感到平静和舒适。黄绿、嫩绿、淡绿、草绿等象征着春天、生命、青春、成长、活泼、活力,具有旺盛的生命力,是表现活力与希望的色彩;翠绿、盛绿、浓绿等象征盛夏、成熟、健康、兴旺、发达、富有生命力;而灰绿、土绿意味着秋季、收获和衰老。

蓝色是一种消极的、收缩的、内在的色彩。蓝色很容易被人联想到天空、海洋、湖泊、远山、严寒,让人产生崇高、深远、纯净、冷漠、洁净的感觉。蓝色的环境使人感到幽雅宁静。浑浊的蓝色令人的情感冷酷、悲哀,深蓝色有着遥远、神秘的感觉。

紫色是波长最短、明度最低的色彩,因与夜空、阴影相联系,富有神秘感、恐怖感。紫色被淡化后,可以给人以高贵、优美、奢华、优雅、流动等感觉。

第三节　色彩设计的基本原则

色彩是室内空间环境中最为生动、最为活跃的因素。色彩最具表现力,室内色彩往往给人们留下了室内环境的第一印象。通过人们的视觉感受产生的生理、心理和类似物理的效应,形成丰富的联想、深刻的寓意和象征。因此,色彩设计是装饰设计的重要内容之一。

色彩设计作为装饰设计的重要组成部分,和任何设计形式语言一样,具有审美与实用的双重功能,不但能使人产生愉悦感,同时造成人的生理感受与心理感觉的平衡,从而满足人的物质生活与精神生活的双重需要。在具体设计中,应注意以下几个原则:

一、功能性原则

室内色彩设计应把满足室内空间的使用功能和精神功能要求放在首位。需要在为人服务的前提下,综合解决功能、经济、美观、环境等种种要求。不同使用性质的空间对色彩环境的要求也不相同,如新婚夫妇的卧室,需要温馨、喜庆的气氛,多采用红色、粉红、淡黄等色彩;而庄重严肃的室内空间,如会议室、法庭等,则多采用灰色、冷色等色彩;娱乐场所,如舞厅,则需要高纯度的绚丽缤纷的色彩,给人以兴奋、愉悦的心理感受。

二、时空性原则

时空是指时间和空间两方面的问题。人在空间内活动,会从一个空间进入另一个空间,同时视线在移动,时间在流逝。因此,空间序列中相连空间的色彩关系、视线移动中色彩的变化、人在空间中停留时间的长短等,都会影响色彩的视觉效果和生理、心理感受。如办公室、居室等人们长时间停留的空间,不宜使用大面积过于刺激的色彩,以避免人长期处于兴奋状态而对身心造成伤害;又如要塑造一个清凉冰爽的室内空间时,除其本身采用蓝色等冷色调之外,可在其前厅空间使用暖色调,这样当人从暖色调的前厅进入冷色调的主空间时,会感觉更冷。

三、从属性

色彩设计除了掌握色彩自身的特点外,更重要的是融入一个和谐的背景环境,而衬托这个环境中的物体,体现着生活在这个环境中的人的性格、身份、爱好等。因此室内环境空间所处的人和物才是空间的主角,而空间界面的色彩只能是从属的。色彩的从属性还表现在室内设计的程序上,须先选用相应的材料才能确定色彩,顺序是不能颠倒的。

四、地区性、民族性及个人喜好

色彩具有普遍性,同时也具有民族性和地域性,不同民族和地域的人们对色彩有着不同的理解和感受,会产生不同的联想。每个人对色彩也各有所爱。因此,在室内设计中,应充分了解各地区、各民族的风俗习惯、风土人情,以及业主个人的色彩喜好,才能设计出富有特点、易于接受的室内色彩效果。

五、符合色彩的美学规律

在室内设计中,要遵循统一与变化的原则,在色彩构图上处理好主基调和辅调的关系,注重色彩的平衡与稳定、色彩的节奏与韵律等美学规律的运用。

第四节　室内色彩设计的方法

一、确定室内空间的主色调

主色调是指在色彩设计中以某一种色彩或某一类色彩为主导色,构成色彩环境中的主基调。主导色一般由界面色、物体色、灯光色等综合而成,通常选择含有同类色素的色彩来配置构成,从而使人获得视觉上的和谐与美感。主色调决定了室内环境的气氛,因此确定空间主色调是决定性的步骤,必须充分考虑空间的性格、主题、氛围要求等,一般来说,偏暖的主色调形成温暖的气氛,偏冷的主色调则产生清雅的格调。主色调一旦确定,应贯穿整个空间和设计的全过程。

二、做好配色处理

室内空间具有多样性和复杂性,室内各界面、家具与陈设等内含物的造型、材料质感和色彩千变万化,丰富多彩。因此,在主色调的基础上做好配色处理,实现色彩的变化与统一,无疑是室内设计中色彩运用的重要内容。

三、色彩构图

色彩的变化与统一是色彩构图的基本原则。当主色调确定后,要通过色彩的对比形成丰富多彩的视觉效果,通过对比使各自的色彩更加鲜明,从而加强色彩的表现力和感染力,但同时应注意色彩的呼应关系,在利用对比突出重点时,不能造成色彩的孤立。而且在设计过程中,应始终明确色彩的主从关系,不能"喧宾夺主",影响主色调的形成,最终使空间色彩丰富而不繁杂,统一而不单调。

四、做好室内界面、家具、陈设的色彩选择和搭配

1. 界面色彩

界面包括墙面、地面和天棚,它们具有较大的面积,除局部外,一般不作重点表现,因此,通常将界面色彩设为背景色,起到衬托空间内含物的作用。如墙面色彩宜采用明度较高而纯度较低的淡雅色调,绿灰、浅蓝灰、米黄、米白、奶白等,同一空间墙面用色以相同为宜,在配色上应考虑与家具色彩的协调和衬托。若为浅色家具,墙面宜选用与家具近似的颜色;若为深色家具,墙面则宜选用浅灰色调来衬托。地面色彩通常采用与家具或墙面颜色相近而明度较低的颜色,以求获得稳定感。但在面积狭小或光线较暗的室内空间,应采用明度较高的色彩,使房间在视觉上显得宽敞一些。天棚宜选用高明度的色调,以获得轻盈、开阔、不压抑的感觉,也符合人们上轻下重的习惯。

一些室内设计构件,如门、窗、通风孔、墙裙、壁柜等与界面紧密相连,它们的色彩也要和背景色紧密联系起来,在设计中应灵活处理,一般宜与界面色彩相协调,需要突出强调时,也可作一定的对比处理。

2. 家具色彩

在室内空间中,家具是最为重要的空间内含物,它数量较多、使用频繁,在空间中发挥着分隔空间、表现风格、营造气氛等重要作用,往往处于空间的重要位置,因此家具色彩往往成为整个室内环境的色彩基调。总的来看,浅色调的家具富有朝气,深色调的家具庄重大方,灰色调的家具典雅,多色彩组合的家具则显得生动活泼。

3. 陈设色彩

陈设内容丰富,种类繁多。在室内空间中,陈设数量大而体积较小,常可起到画龙点睛的作用,因此陈设的色彩多作为点缀色,选用一些纯度较高的鲜亮的颜色,用作色彩的对比变化,从而获得生动的色彩效果。但有些陈设,如窗帘、帷幔、地毯、床罩等织物,其面积较大时,织物色彩也可用作背景色。

总之,室内空间的整体色彩必须给人以统一完整的、富有感染力的印象,追求整体色彩的统一协调,强化重点的色彩魅力,才会获得理想、和谐的室内色彩效果。

第五节 色彩与质感

一切物体除了形体和色彩以外,材料的质地也是物体的重要表征之一。不同的材料有不同的质感。有的表面粗糙,如石材、粗砖、磨砂玻璃等;有的表面光滑,如玻璃、金属、陶瓷等;有的表面柔软,如织物;有的表面坚硬,如石材、金属、玻璃等材料;有的表面触觉冰冷,如石材、金属等;有的表面触觉温和,如织物、木材等。材料的肌理千变万化,丰富多彩,各具特色,有的均匀无明显纹理,有的自然纹理清晰美丽。

材料的质感和肌理对色彩的表现有很大影响,它会影响色彩的变化和色彩心理感受的变化,如同样的红色,在毛石、抛光石材、棉毛织物上的视觉效果各不相同。红色给人以温暖的感觉,而石材是坚硬、冰冷的,当红色的抛光石材与人近距离接触时,就会淡化红色温暖的视觉效果,而红色的棉毛织物则会强化这种温暖的视觉效果。

光照对色彩的影响是不言而喻的。当光源色改变时,物体色必然相应改变,进一步改变其心理作用。在强光照射下,色彩会变淡,明度提高,纯度降低;弱光照射下,色彩会变模糊,明度、纯度都会降低。同时,光照对材料质感也有很大影响,粗糙的面受光时,由于产生阴影而强化其粗糙的效果;背光时,其质地处于模糊和不明显的状态。

因此,在室内装饰设计中,要综合考虑色彩与光照、质感之间的相互关系,充分认识光照、材料质感对色彩视觉效果的影响,从空间环境的整体色彩关系出发,创造出富有变化,又协调统一的色彩环境。

第六节 实训指导

1. 实训目的

色彩的搭配和调和具有很强的目的性,是一个非常具体的、具有创造性的审美过程,不同的空间对色彩有不同的要求。通过本次实训,加强学生对色彩运用的理解,掌握色彩设计的基本要求和方法,提高学生的色彩应用和表现能力。

2. 实训内容

在相关图书资料中任选一幅室内空间的黑白透视图,先临摹下来,然后进行色彩设计。

表现技法不限,水粉、水彩、彩色水笔、马克笔、彩色铅笔皆可。

3. 实训指导

①空间的使用目的。不同的使用目的,如办公、居住、商业等,在考虑色彩的要求、性格的体现、气氛的形成方面各不相同。不同的活动与工作内容,要求不同的视线条件,才能提高效率、保证安全和达到舒适的目的。

②空间的大小、形式。色彩可以按不同空间的大小、形式来进一步强调或削弱。

③空间的方位。不同方位在自然光线作用下,色彩是不同的,冷暖感也有差别,因此可利用色彩来进行调整。

④使用空间的区别。不同的人对色彩的要求有很大区别,色彩应符合居住者的爱好。

4. 推荐阅读资料

①戴力农.室内色彩设计[M].沈阳:辽宁科学技术出版社,2006.

②张绮曼,郑曙旸.室内设计资料集[M].北京:中国建筑工业出版社,1991.

③徐北村.家庭装饰设计的色彩及实例[M].北京:中国建筑工业出版社,1995.

第五章
室内设计照明知识实训

知识目标：

● 了解室内照明的方式与种类。

● 理解灯具与整体装饰风格的关系。

● 掌握各种类型建筑空间的室内设计措施。

能力目标：

● 能够将各种照明设计方法应用到实际操作中。

● 能根据常用灯具的特点、建筑化照明的形式完成室内设计。

● 能通过住宅照明设计掌握室内照明设计的方法。

开章语：

　　本章介绍了灯具的类别、灯具与整体装饰风格的关系及照明设计的方法，让学生能熟练掌握照明的基本知识，最终能够理论联系实际，将其运用到实际的建筑照明设计中。

第一节　室内照明设计原理

光为空间带来生命,可以营造出宁静、热烈、淡雅、浓郁、朴实、华丽的气氛,也可以制造出幽暗、明亮、欢快、悲哀的气氛。而作为人工发光的灯具,在室内设计中扮演着极为重要的角色。照明的方式也分为多种,如普通照明、重点照明、装饰照明、应急照明等。

一、普通照明

普通照明,即一般照明,又称为功能照明或环境照明,它能起到满足人的基本视觉要求的照明作用,是在能保证最大有效照明设计的前提下,在一定时间之内使用的电力最少。一般在工作面上的最低照度与平均照度比不能小于 0.7。在设计中常用格栅荧光灯和筒灯来作一般照明,并均匀地布置在天棚上。

二、重点照明

重点照明又称为局部照明,主要用于照明重点区域并起到展示的作用。重点照明一般不单独使用,需要与环境光及一般照明相结合,才能达到统一又有重点的效果,对比不应太大,不然会使眼睛感到不适。

三、装饰照明

装饰照明主要是美化和装饰特定空间及区域而设置的灯光照明。它主要是通过不同的灯具、不同的投光角度和不同的光色配合,让空间达到一种特定的空间气氛,达到突出表现展品的性质和空间的特点,起到渲染烘托氛围的目的。常见的装饰灯有 LED 灯、投影灯等。

四、应急照明

除了设置一般的照明灯具以外,还需要安装两种特殊的照明灯具,就是标志灯和应急灯。标志灯是向使用者提示空间设施或场所的标志,也是安全警告和紧急疏散的标志。应急灯是为了防止出现突然停电,而保持最低限度的短时间照明,此类照明往往用于商业空间。

第二节　灯具的类别

随着光源类型、灯具材料与灯具设置的发展变化,灯具也千变万化、丰富多彩。灯具与室内空间环境结合起来,可以营造不同风格的室内情调,取得良好的照明及装饰效果。

一、灯具按用途分类

按用途不同,灯具可分为功能性灯具、装饰性灯具以及特殊用途灯具。功能性灯具主要是为室内空间提供必要照度的灯具;装饰性灯具主要起增加环境气氛、创造室内意境、强化视觉中心的作用;特殊用途灯具有应急灯、标志灯等。

二、灯具按其构造形式及安装位置分类

1. 吊灯

吊灯是悬挂在室内屋顶上的照明工具,经常用作大面积范围的一般照明。大部分吊灯带有灯罩,灯罩常由金属、玻璃和塑料以及木材等材料制成。吊灯按所配光源数量的不同,可分为普通吊灯和枝形吊灯。普通吊灯用作一般照明时,多悬挂在距地面2.1 m处;用作局部照明时,大多悬挂在距地面1~1.8 m处。枝形吊灯是一种多灯头的装饰性灯具,易营造富丽、辉煌的光环境效果,多用于较大空间的客厅、餐厅、中庭、门厅、大堂等建筑空间。

吊灯的造型、大小、质地、色彩对室内气氛会有影响,在选用时一定要与室内环境相协调。例如,古色古香的中式装修风格应配中式古典吊灯(图5-1),西餐厅应配西欧风格的吊灯(如蜡烛吊灯、古铜色灯具等),而现代派居室则应配几何线条简洁明朗的灯具。

图5-1　中式古典吊灯

2. 吸顶灯

吸顶灯是直接安装在天花板上的一种固定式灯具,作室内一般照明用。吸顶灯种类繁多,但可归纳为以白炽灯为光源的吸顶灯和以荧光灯为光源的吸顶灯。以白炽灯为光源的吸顶灯,灯罩用玻璃、塑料、金属等不同材料制成。用乳白色玻璃、喷砂玻璃或彩色玻璃制成的不同形状(长方形、球形、圆柱体等)的灯罩,不仅造型大方,而且光色柔和;用塑料制成的灯罩,大多是开启式的,形状如盛开的鲜花或美丽的伞顶;用金属制成的灯罩给人的感觉比较庄重。以荧光灯为光源的吸顶灯,大多采用有晶体花纹的有机玻璃罩和乳白玻璃罩,外形多为长方形。

吸顶灯多用于整体照明,办公室、会议室、走廊等地方经常使用。图5-2所示为中式吸顶灯。

3. 壁灯

壁灯是一种安装在侧界面及其他立面上的灯具,用于补充室内一般照明。壁灯设在墙壁或柱子上,它除了有实用价值外,也有很强的装饰性,使平淡的墙面变得光影丰富。壁灯的光线比较柔和,作为一种背景灯,可使室内气氛显得优雅。常用于大门口、门厅、卧室、公共场所的走道等,壁灯安装高度一般为1.8~2 m,如图5-3所示。

图 5-2　中式吸顶灯

图 5-3　壁灯

4. 嵌入式灯

嵌入式灯是嵌在装修层里的灯具,具有较好的下射配光,灯具有聚光型和散光型两种。聚光型一般用于局部照明要求的场所,如金银首饰店、商场货架等处;散光型一般用作局部照明以外的辅助照明,如宾馆走道、咖啡馆走道等。

5. 台灯

台灯主要用于局部照明。书桌上、床头柜上和茶几上都可用台灯。它不仅是照明器具,又是很好的装饰品,对室内环境可起到美化作用。

6. 立灯

立灯又称"落地灯",也是一种局部照明灯具,如图 5-4 所示。它常摆设在沙发和茶几附近,作为待客、休息和阅读照明用。

7. 轨道射灯

轨道射灯由轨道和灯具组成。灯具沿轨道移动,灯具本身也可改变投射的角度,是一种局部照明用灯具。主要特点是可以通过集中投光以增强某些需要强调的物体。轨道射灯已被广泛应用于商店、展览厅、博物馆等室内照明,以增加商品、展品的吸引力。它也逐步用于住宅,如壁画射灯、床头射灯等。

上述灯具是在室内光环境设计中应用较多的灯具形式,除此以外,还有应急灯具、舞台灯具、高大建筑照明灯具以及艺术欣赏灯具等。

三、现代灯具按制造材料分类

1. 高档豪华灯具

高档豪华灯具由水晶灯、鎏金、高纯度铜等材料精制而成,在豪华公共场所使用较多,如图 5-5 所示。

2. 普通玻璃和有机玻璃灯具

普通玻璃和有机玻璃灯具分为普通平板玻璃和吹模灯具两种,属普通型灯具,应用较为广泛。

图 5-4　立灯

图 5-5　金属灯具

3. 金属灯具

金属灯具由铜、铝、铁等材料经冲压、拉伸等工艺制成,以定向灯具为主,如图5-5所示。

第三节　灯具与整体装饰风格的关系

无论是公共场所或是家庭,光的作用影响着每一个人,室内照明设计就是利用光的一切特性去创造所需要的光的环境,通过照明充分发挥其艺术作用。灯具与整体装饰风格的关系主要表现在以下 4 个方面:

一、创造气氛

光的亮度和色彩是决定气氛的主要因素。众所周知,光的刺激能影响人的情绪,一般来说,亮的房间比暗的房间更为刺激,但是这种刺激必须和空间所应具有的气氛相适应。极度的光和噪声一样都是对环境的一种破坏。据有关调查资料表明,荧屏和歌舞厅中不断闪烁的光线会使体内维生素 A 遭到破坏,导致视力下降。适度愉悦的光能激发和鼓舞人心,而柔弱的光能给人以轻松、心旷神怡之感。光的亮度也会对人的心理产生影响,有人认为对于加强私密性的谈话区照明,可以将亮度减少到功能强度的1/5。光线弱的灯和位置布置得较低的灯,会使周围产生较暗的阴影,天棚显得较低,从而房间给人以亲切感。

室内的气氛也因不同的光色而变化。许多餐厅、咖啡馆和娱乐场所,常常通过加重暖色如粉红色、浅紫色,使整个空间具有温暖、欢乐、活跃的气氛,暖色光使人的皮肤、面容显得更健康、美丽动人。由于光色的加强,光的相对亮度相应减弱,使空间感觉亲切。家庭的卧室也常常因采用暖色光而显得更加温暖和睦。但是冷色光也有许多用处,特别是在夏季,青色、绿色的光就使人感觉凉爽。因此,应根据不同气候、环境和建筑的性格要求来确定光色。强烈的多彩照明,如霓虹灯、各色聚光灯,可以把室内的气氛活跃起来,以增加繁华热闹的节日气氛。现代家庭也常用一些红绿的装饰灯来点缀起居室、餐厅,以增加欢乐的气氛。不同色彩的透明或半透明材料,在增加室内光色上可以发挥较大的作用,如某些餐厅既无整体照明,也无桌上吊灯,只用柔弱的、星星点点的烛光照明来渲染气氛。

由于色彩随着光源的变化而不同,许多色调在白天阳光照耀下,显得光彩夺目,但日暮以后,如果没有适当的照明,就可能变得暗淡无光。因此,德国巴斯鲁大学心理学教授马克思·露西雅谈到利用照明时说:"与其利用色彩来创造气氛,不如利用不同程度的照明,效果会更理想。"

二、加强空间感和立体感

空间的不同效果,可以通过光的作用充分表现出来。实验证明,室内空间的开敞性与光的亮度成正比,亮的房间感觉要大一点,暗的房间感觉要小一点。充满房间的无形的漫射光,也会使空间有无限的感觉,而直接光能加强物体的阴影,光影相对比,能加强空间的立体感。

可以利用光的作用来加强希望注意的地方,也可以利用光的作用削弱不希望被注意的次要地方,从而进一步使空间得到完善和净化。许多商店为了突出新产品,在展示新产品的地方用亮度较高的重点照明,而相应地削弱次要的部位,以获得良好的照明艺术效果。照明也可以使空间变得实和虚,如许多台阶照明及家具的底部照明,使物体和地面"脱离",形成悬浮的效果,而使空间显得空透、轻盈。

三、光影艺术与装饰照明

光和影本身就是一种特殊性质的艺术,当阳光透过树梢,在地面上洒下一片光斑,疏疏密密随风变幻,这种艺术魅力是难以用语言表达的。又如月光下的粉墙竹影和风雨中摇曳着的吊灯的影子,又是一番滋味。自然界的光影由太阳、月光来安排,而室内的光影艺术就要靠设计师来创造。光的形式可以从小针点到漫无边际的无定形式,我们应该利用各种照明装置,在恰当的部位,以生动的光影效果来丰富室内空间,既可以表现光为主,也可以表现影为主,也可以光影同时表现。

四、照明的布置艺术和灯具造型艺术

光既可以是无形的,也可以是有形的,光源可以隐藏,灯具却可暴露,有形、无形都是艺术。如某餐厅把光源隐蔽在靠墙座位背后,并利用螺旋形灯饰,造成特殊的光影效果和气氛。

大范围的照明,如天棚、支架照明,常常以其独特的组织形式来吸引观众,如某商场以连续的带形照明,使空间更显舒展;某酒吧利用环形玻璃晶体吊饰,其造型与家具布置相对应,并结合绿化,使空间富丽堂皇;某练习室照明、通风与屋面支架相结合,富有现代风格。采取"团体操"表演方式来布置灯具,是十分雄伟和惹人注意的。它的关键不在于个别灯管、灯泡本身,而在于组织和布置。最简单的荧光灯管和白炽小灯泡,一经精心组织,就能显现出千军万马的气势和壮丽的景色。天棚是表现布置照明艺术的最重要场所,因为它无所遮挡,稍一抬头就历历在目。因此,室内照明的重点常常选择在天棚上,它像一张白纸,可以做出丰富多彩的艺术形式,而且常常结合建筑式样或结合柱子的部位来达到照明和建筑的统一和谐。

图 5-6　竹竿吊灯

灯具造型一般以小巧、精美、雅致为主要创作方向,因为它离人较近,常用于室内的立灯、台灯。如某旅馆休息室利用台灯布置,形成视觉中心。灯具造型,一般可分为支架和灯罩两大部分进行统一设计。有些灯具设计重点放在支架上,也有些把重点放在灯罩上,不管哪种方式,整体造型必须协调统一。现代灯具都强调几何形体构成,在基本的球体、立方体、圆柱体、角锥体的基础上加以改造,演变成千姿百态的形式,同样运用对比、韵律等构图原则,达到新颖、独特的效果,如图 5-6 所示。但是在选用灯具时,一定要和整个室内环境一致、统一,决不能孤立地进行选择。

由于灯具是一种可以经常更换的消耗品和装饰品,因此它的美学观近似日常用品和服饰,具有流行性和变换性。由于它的构成简单,显得更易于创新和突破。

第四节　灯具选用技巧

灯具品种繁多、造型丰富、风格各异,不同的空间环境所需要的灯具也有不同的要求。

一、客厅

如果房间较高,宜用三叉至五叉的白炽吊灯,或一个较大的圆形吊灯,这样可使客厅显得空间感强。但不宜用全部向下配光的吊灯,而应使上部空间也有一定的亮度,以缩小上下部空间的亮度差别。客厅空间的立灯、台灯以装饰为主,它们是搭配空间的辅助光源,为了便于与空间协调,不适宜选用造型太奇特的灯具。

如果房间较低,可用吸顶灯加落地灯,这样客厅显得温馨,具有时代感。落地灯布置在沙发旁边,沙发侧面茶几上再配上装饰性台灯,或附近墙上安置较低壁灯,这样不仅在看书时有局部照明,而且在会客交谈时还增添了亲切和谐的气氛。

二、书房

台灯的选型应适应工作性质和学习需要,宜选用带反射罩、下部开口的直射台灯,也就是工作台灯或书写台灯。台灯的光源常用白炽灯、荧光灯。白炽灯显色指数比荧光灯高,而荧光灯发光效率比白炽灯高,它们各有优点,可根据个人需要或对灯具造型式样的爱好来选择。

三、卧室

卧室一般不需要很强的光线,在颜色上最好选用柔和温暖的色调,这样有助于烘托出舒适温馨的氛围,可用壁灯、落地灯来代替室内中央的主灯。壁灯宜用表面亮度低的漫反射材料灯罩,这样可使卧室显得柔和,利于休息。床头柜上可用子母台灯,大灯作阅读照明,小灯供夜间起床用。另外,还可在床头柜下或低矮处安上脚灯,以免起夜时受强光刺激。

四、卫生间

卫生间适合用壁灯,这样可避免蒸汽凝结在灯具上而影响照明和腐蚀灯具。

五、餐厅

餐厅的灯罩宜用外表光洁的玻璃、塑料或金属材料,以便随时擦洗。餐厅也可用落地灯照明,在附近墙上还可适当配置暖色壁灯,这样宴请客人时会使气氛更热烈,并增进食欲。

六、厨房

厨房灯具要安装在能避开蒸汽和烟尘的地方,宜用玻璃或搪瓷灯罩,便于擦洗又耐腐蚀。

追求时尚的家庭,可以在玄关、餐厅、书柜处安置几盏射灯,不但能突出这些局部的特殊装饰效果,还能显出别样的情调。

选择灯具时,除考虑上述因素外,还必须考虑以下因素:

①选择消费者满意或售后服务信得过的家居卖场。

②要货比三家,对同一款式、同一品牌的商品,从质量、价格、服务等方面综合考虑。

③现代灯具的造型有仿古、创新和实用3类。大吊灯、壁灯、吸顶灯等都是依据18世纪宫廷灯具发展而来的,这类灯具适合于空间较大的社交场合。造型别致的现代灯具,如各种射灯、牛眼灯都属于创新灯具。平时的日光灯、书写台灯、落地灯、床头灯等都属于传统的常用灯具。这3类灯的造型在总体挑选时应尽量追求系列化。

④要根据自己的艺术情趣和居室条件选择灯具。一般家庭可以在客厅采用一些时髦的灯具,如三叉吊灯、花饰壁灯、多节旋转落地灯等。住房条件比较紧张的家庭不宜装过于时髦的灯具,以免增加拥挤感。低于2.8 m层高的房间也不宜装吊灯,宜装吸顶灯,这样可以使房间显得高一些。

⑤灯具的色彩要服从整个房间的色彩。为了不破坏房间的整体色彩设计,一定要注意灯具的灯罩,外壳的颜色与墙面、家具、窗帘的色彩应协调。

⑥发票、合同上必须注明灯具的名称、规格、数量、价格、金额。

⑦了解主办单位及厂家的名称、地址、联系人、电话,以便发生质量问题时能及时联系解决。

第五节 实训指导

实训一 住宅室内照明设计

1. 实训目的

采光与照明是室内装饰设计的重要部分,通过住宅灯光环境设计实训,使学生熟悉采光照明的基本知识,加强对照明方式、照明效果的理解,掌握住宅照明设计的基本原理和方法。

2. 实训题目

图 5-7 所示为某住宅的平面图,平面尺寸见图,房间层高为 2.8 m。

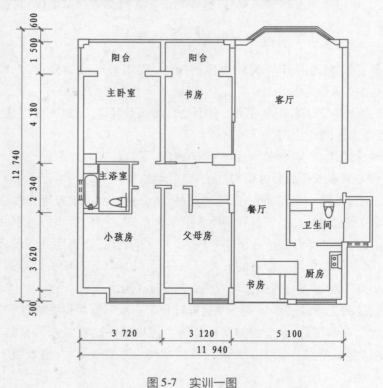

图 5-7 实训一图

3. 实训内容

①天棚灯具布置图(1∶50):至少布置两个房间,绘制出天棚的主要灯具类型、位置、高度等。

②室内灯光效果图:手绘或计算机效果图。

③设计说明:要求 200 字左右。

4. 实训要求

住宅室内照明设计要满足"实用、舒适、安全、经济"的基本原则。根据客厅、卧室、走道、厨房、书房、卫生间等不同空间的功能特点进行照明设计，并考虑基本照明与装饰照明、重点照明的结合运用，创造出和谐优美的室内光环境。

5. 实训指导

①陈小丰. 建筑灯具与装饰照明手册[M]. 2 版. 北京：中国建筑工业出版社，2000.

②中国建筑科学研究院. 建筑照明设计标准：GB 50034—2013[S]. 北京：中国建筑工业出版社，2013.

实训二　某宾馆大堂的光环境设计

1. 实训目的

通过实训练习，进一步理解照明的技术指标及其应用，理解照明与空间的关系，掌握室内光环境的设计要点，并能进行不同功能空间灯具的选用。

2. 实训内容

①组织学生参观星级宾馆大堂，感受大堂的照明效果，分析大堂的照明特点。

②参观灯具商店，调研市场中灯具的品种、造型及风格、光照效果、价位等，以便选择与大堂照明设计相匹配的灯具。

③有条件的院校，可通过光学试验，使学生对光的照度、亮度、光色等的变化有一个明确的感性认识。

3. 实训要求

①注意灯光与大堂各功能区域的关系，通过灯光亮度、光色的变化及灯具配置来虚拟分隔空间，强化空间，突出主体空间。

②注意灯光与人流路线的关系，可利用灯光的变化、灯具的布置形式等暗示，引导人到相应的功能区域，并避免在人流路线上产生眩光。

③要充分考虑白天自然采光时的光环境，并注重晚间全部为人工照明时的光环境设计，营造出风格突出、特色鲜明、高雅华贵的室内空间效果。

④灯具的配置应与大堂空间的整体风格和环境氛围相协调，并结合大堂空间界面的处理来布置灯具。

⑤要求完成大堂光环境设计方案图，包括：

a. 平面图、立面图（1∶50～1∶100）。

b. 天棚镜像平面图，主要表现灯具的布置（1∶50）。

c. 灯具大样图和构造详图（1∶20～1∶30）。

d. 大堂效果图 2 幅（白天和夜晚效果各一幅），表现手法自定，比例自定，局部效果图不限。

e. 设计说明。

第六章
家具陈设设计实训

知识目标：

● 理解家具的作用、分类及布局特点。

● 掌握家具的选用和陈设方法。

● 了解中外优秀家具的特点及发展历程。

能力目标：

● 能够将各种陈设设计方法应用到实际操作中。

● 能根据常用家具的种类、特点及适用范围完成室内设计。

● 能通过住宅陈设设计掌握室内陈设的设计方法。

开章语：

本章介绍了家具的作用、分类及陈设原理，使学生能熟练掌握家具的基本知识和室内陈设设计的方法，最终能够理论联系实际，并将其运用到实际的室内设计当中。

第一节 家具的作用与分类

一、家具的作用

家具是建筑空间环境中必不可少的极其重要的组成部分。古往今来,家具是人们从事各类活动的主要器具,渗透于人类生活的各个方面——日常生活、工作、学习、交往、娱乐、休憩等,是空间环境中使用频繁、体量较大、占地较大的重要陈设。家具除了本身固有的坐、卧、凭依、储藏等使用功能外,在建筑空间环境中也发挥着下述重要作用。

1. 明确空间使用功能和使用性质

绝大多数室内空间在家具未布置之前,很难判断空间的使用功能和使用性质,更谈不上对空间的利用。因此,家具是空间使用性质的直接表达者,家具的类型(不同功能、不同材料质地、不同结构特点)和家具的布置形式能充分反映空间的使用目的、等级、品位等,从而赋予空间一定的性格和品质。

2. 组织空间

人们在一定的室内空间中的活动是多样化的,往往需要将一个大空间分隔成多个相对独立的功能区,并加以合理组织。家具的布置是空间组织的直接体现,是对室内空间组织的再创造。充分利用家具布置来灵活组织分隔空间是室内设计常用的手法之一,它不仅能有效分隔空间、充实空间,还能提高室内空间使用的灵活性和利用率,同时使各功能空间隔而不断,既相对独立,又相互联系。如在住宅起居室内,可以利用沙发、茶几围合成会客区,利用餐桌椅或吧柜分隔出餐饮区;宾馆大堂常利用服务台、沙发等分隔出服务区、休息区等,而服务台、沙发的布置位置和布置形式将直接影响空间的使用功能。

3. 利用空间

在建筑空间组合中,常常有一些难以正常使用的空间,但布置上适宜的家具后,就能把这些空间充分利用起来。如图 6-1 所示,巧妙利用坡屋顶下的低矮空间布置床榻,形成了亲切怡人的休息区。

4. 强化空间风格,营造环境气氛

家具实质上是一种实用的工艺美术品,其艺术造型表现出不同的风格特征,反映着各民族、各地域、各历史时期的文化特征和各艺术流派的设计思想。而家具在室内空间所占比重较大,体量突出,因此家具的风格、色彩、质地对空间风格的形成、环境气氛的营造等起着极为重要的作用,如竹制家具可营造纯真朴实、回归自然的乡土气息。

图6-1　坡屋顶下的卧室

二、家具的分类

1. 按使用功能分类

①坐卧类：可以支承整个人体及其活动的椅、凳、沙发、躺椅、床榻等。

②凭倚类：能辅助人体活动，提供操作台面的书桌、餐桌、柜台、工作台、几案等。

③储存类：用以存放物品的衣柜、书架、壁柜等。

2. 按制作材料分类

随着现代科学技术的发展，家具的制作材料日益丰富，呈多元化发展。根据制作材料的不同，可以分为木制家具、金属家具、竹藤家具、塑料家具和布艺、皮革家具等。

（1）木制家具

木制家具是指用原木和各种木制品如胶合板、纤维板、刨花板等制作的家具。木材质轻，强度高，易于加工，而且其天然的纹理和色泽具有很高的观赏价值和良好手感，使人感到十分亲切，是人们喜欢的理想家具材料。常用的木材有柳桉、水曲柳、山毛、柚木、橡木、红木、花梨木等。但木材也具有吸湿性和变异性、易腐朽及被虫蛀蚀的缺点。因此，对木材必须经过各种加工处理，如人工防腐处理、干燥处理及木材改性处理等，才能作为家具用材，如图 6-2 所示。

（2）金属家具

19 世纪中叶，西方曾盛行铸铁家具，有些国家把它作为公园里的一种椅子形式，后来逐渐被淘汰，代之以质轻高强的钢和各种金属材料，如不锈钢管、钢板、铝合金等，如图 6-3 所示。

（3）竹藤家具

竹藤家具是以竹、藤制作的家具。竹、藤材料具有质轻、高强、富有弹性和韧性、易于弯曲和编织的特点。竹藤家具在造型上也是千姿百态，而且具有浓厚的乡土气息。竹制家具还是理想的夏季消暑的常用家具，如图 6-4 所示。

图6-2　木质家具

图6-3　金属家具

（4）塑料家具

塑料家具是以塑料为主要材料，模压成型的家具。常用于家具制作的塑料有聚氯乙烯、聚乙烯、聚丙烯、丙烯酸等，它们具有质轻、高强、耐水、光洁度高、色彩丰富、易于成型等特点。

图6-4　藤椅

（5）布艺、皮革家具

布艺、皮革家具是由弹簧、海绵和布料、皮革等多种材料组合而成，它常以铁、木、塑料等材料为骨架。这类家具最常用于人体类家具的床、凳、椅、沙发等，它能增加人体与家具的接触面，从而避免或减轻人体某些部位由于着力过于集中而产生的酸痛感，使人体在休闲时得到较大程度的松弛。布艺、皮革家具的造型及面料的图案和色彩都能给人以温馨华贵的感觉。

3. 按结构形式分

根据结构形式的不同,家具可分为框架结构家具、板式家具、折叠家具、拆装家具、充气家具和固定式家具等。

（1）框架结构家具

框架结构家具主要以传统木家具为主,其结构形式如同传统木构架建筑的梁柱结构,以榫卯连接形成的框架作为家具受力体系。框架结构家具坚固耐用,但不太适合于工业化的大批量生产。

（2）板式家具

板式家具是现代家具的主要结构形式之一,一般采用细木工板、密度板等各种人造板黏结或用连接件连接在一起,不需要骨架,板材既是承重构件,又是封闭和分隔空间的构件。板式家具结构简单,易于工业化生产,在造型上也有线条简洁、大方的优点,如图6-5所示为墙上隔板家具。

图6-5　隔板家具

（3）薄壳家具

薄壳家具是采用现代工艺和技术,将塑料、玻璃钢或多层薄木胶合板等材料一次性压制成型。一般是按照人体坐姿模式压制成椅背与坐面一体化的薄壳,然后固定到椅腿上形成座椅,也可用塑料一次整体成型。薄壳家具质轻,便于搬迁,多数可以叠积,储藏方便,往往造型简洁生动,色彩绚丽。薄壳家具常见于椅、凳、桌类家具,如图6-6所示。

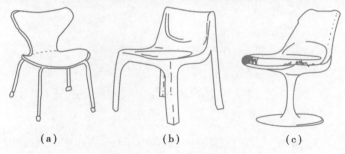

图6-6　薄壳家具

(4)折叠家具

折叠家具的主要特点是能折叠,折叠后占用空间小,而且储藏、移动和运输等都比较方便。折叠家具常用于面积较小的场所或具有多种使用功能的场所,如小面积住宅、多功能厅、会议室等。常见的折叠家具主要有床、桌、椅等。

(5)拆装家具

拆装家具成品是由若干零部件采用连接件连接组合而成,而且为了运输、储藏方便和某些使用要求,可以多次拆卸和安装。拆装家具多用于板式家具、金属家具、塑料家具中。常用的连接件有框角连接件、插接连接件、插入连接件3大类。

(6)充气家具

充气家具由具有一定形状的气囊组成,充气后即可使用。它具有一定的承载能力,便于携带和收藏,造型新颖别致。其常见于各种旅行用桌、轻便躺椅、沙发椅等,如图6-7所示。

(7)整体浇铸式家具

整体浇铸式家具主要包括以水泥、发泡塑料为原料,利用定型模具浇铸成型的家具。这类家具的造型雕塑感强,常用于酒吧、舞厅等娱乐场所的桌、椅、凳及公园等休憩场所。

图6-7　充气椅子

第二节　家具的陈设设计原理

一、家具的选择

家具的选择受到室内空间尺度、环境氛围和使用者爱好等影响,没有固定的选择标准。但应注意下述几个方面。

1. 使用要求

根据空间功能要求选择适当的家具。

2. 空间尺度

家具是空间中的重要组成部分,在考虑空间的协同性时,就应该考虑家具的尺度和空间的关系。如大空间中可采用体量较大的家具,反之亦然,这样家具才能和空间环境融为一体。如果处理不当,则会使大空间显得空旷、凌乱,小空间显得拥塞、窒息。

3. 设计风格

室内空间的设计风格决定了家具的风格,同样空间风格的形成也需要家具的形、色、材来营造和渲染。选择家具时要注意家具风格与空间风格的协调一致,如清新明快而又活泼的室内空间,最好搭配明度较高的色彩、形体多变的现代家具;朴素、典雅的室内空间,最好搭配明度较低的色彩、形体比较传统的古典家具。

4. 便于清洁

家具需要经常打扫和清理,因此选择家具时,最好选择容易清洁的家具。

5. 安全性

家具是人们在室内空间中使用最多的物品,安全和实用是家具选择的基本原则。因此在选择家具时,要选择结构坚固,做工精细,边角处理得光滑、圆润的家具。

二、家具的陈设

1. 家具陈设的原则

(1)方便使用的原则

家具是以人的使用为目的,家具的布置必须以方便使用为首要原则,尤其是使用相互关联的一些家具,应充分考虑它们的组合关系和布置方式,以确保在使用过程中方便、舒适、省力、省时。

(2)有助于空间组织的原则

家具的布置是对室内空间组织的二次创造,合理的家具布置可以充实空间,优化室内空间组织,改善空间关系,均衡室内空间构图。如一些建筑空间会有空旷、狭长或压抑等不适感,巧妙地运用家具布置,不仅可以改善不适感,还可以丰富空间内涵。

(3)合理利用空间的原则

提高建筑空间的使用价值是室内设计中一个重要的问题,家具布置对空间利用率影响很大,因此,在满足使用要求的前提下,家具布置应尽可能充分地利用空间,减少不必要的空间浪费。但也要合理有度,要留有足够的活动空间,防止只重视经济效益,而对使用、安全和环境造成不利影响或过度利用。

(4)协调统一的原则

家具是室内最主要的大体量陈设,在室内空间中占据重要位置,对室内整体格调影响较大。因此,家具选配时,应注意家具的材质、色彩、尺度、风格与室内整体设计的协调统一。

2. 家具的陈设方法

家具的布置应结合空间的使用性质和特点,首先明确家具的类型和数量,然后确定适宜的位置和布置形式,使功能分区合理,动静分区明确,流线组织通畅便捷,并进一步从空间整体格调出发,确定家具的布置格局及搭配关系,使家具布置具有良好的规律性、秩序性和表现性,获得良好的视觉效果和心理效应。

家具在室内空间的布置位置一般有周边式布置、岛式布置、单边式布置和走道式布置等。

周边式布置即沿墙四周布置家具,中间形成相对集中的空间。

岛式布置是将家具布置在室内中心位置,表现出中心区的重要性和独立性,并使周边的交通活动不干扰中心区。

单边式布置是将家具布置在一侧,留出另一侧作为交通空间,使功能分区明确,干扰小。

走道式布置即将家具布置在两侧,中间形成过道,这种布置空间利用率较高,但干扰较大。

第三节　中外优秀家具简介

一、中国明清家具

明清时期是我国古典家具发展的历史最高峰。明式家具在造型上形体简洁、素雅、端庄,比例适度,线条舒展;结构上朴实、严谨、合理、坚固耐用;装饰上常用小面积的浮雕、线刻、嵌木、嵌石等。明式家具讲究选料,多用红木、紫檀、黄花梨、鸡翅木、铁梨等硬木,如图6-8所示。

图6-8　明式黄花梨鹿角椅

清代家具在继承和发展明代家具特点的同时,在装饰上力求华丽,常用描金、彩绘、镶嵌等装饰手法,吸收西洋装饰纹样,并将多种工艺美术应用在家具上,追求金碧璀璨的效果。清式家具造型复杂、华丽、厚重,雕刻精巧,极富欣赏价值,但家具显得较为烦琐、累赘。

二、西洋古典家具

1. 哥特式家具

哥特式家具的主要特征与哥特式建筑风格相一致,采用尖拱、尖顶、细柱、垂饰罩、浅雕或透雕的镶板装饰,以华丽、俊俏、高耸的视觉印象营造出一种严肃、神秘的宗教气氛,如图6-9所示。

2. 巴洛克式家具

巴洛克风格最大的特征是以浪漫主义作为造型艺术设计的出发点,它具有热情奔放及富丽委婉的艺术造型特色。这一时期的家具风格并不受建筑风格改变的影响,主要是基于家具本身的功能需要及生活需要,在选材和制作上更多地考虑实用和舒适感。其最大的特点是将富于表现力的细部相对集中,简化不必要的部分,着重于整体结构,因而它舍弃了文艺复兴时期复杂的装饰,而加强整体装饰的和谐效果,使家具在视觉上的华贵和功能上的舒适更趋于统一,如图6-10所示。

图6-9　哥特式椅　　　　　　　　图6-10　巴洛克式家具

3. 洛可可风格家具

洛可可风格家具是在巴洛克家具的基础上进一步将优美的艺术造型与功能的舒适效果巧妙地结合在一起,形成完美的工艺作品。特别值得一提的是,家具的形式和室内陈设、室内墙壁的装饰完全一致,形成一个完整的室内设计的新概念。这一时期的家具通常以优美的曲线框架,配以织锦缎,并用珍木贴片、表面镀金装饰,不仅在视觉上形成极度华贵的整体感觉,而且在实用和装饰效果的配合上也达到了空前完美的程度,如图6-11所示。

4. 新古典家具

新古典风格大致可分为路易十六式和帝政式两个发展阶段。路易十六式风格盛行于18世纪后半叶,其最大特色在于废弃曲线结构和虚饰,代之以直线造型,外观优雅、高贵。帝政式风格流行于19世纪前期,家具采用笨重的造型和刻板的线条来显示其雄伟和庄严,使用古典题材的图案装饰细部,体现皇权的力量和伟大(图6-12)。

图6-11　洛可可风格家具　　　　　　　图6-12　新古典主义式椅

三、近现代家具

19世纪中叶,随着机械加工业的不断发展,新材料、新工艺的不断产生,促使设计师改变旧有设计模式,寻找以适应工业化生产的新材料、新工艺的新家具设计风格。

在现代家具探索及产生时期,以英国威廉·莫里斯为代表的工艺美术运动尝试将功能、材料与艺术造型结合起来,在家具设计上,追求适用、质朴、简洁、大方的特色,如图6-13所示。德国人米夏尔·托奈特解决了机械生产与工艺设计间的矛盾,率先实现了家具生产工业化,在家具界赢得了极大的声誉。

图6-13　威廉扶手椅

第一次世界大战后,风格派(起源于20世纪20年代的荷兰)主张为适应机器生产的发展,产品造型设计必须寻求一种不受时间和外界因素影响的造型手法,主张采用纯净的基本几何形、立方体,以及垂直水平面来组合构图,使现代家具的造型理论受到了很大启发,并且产生了重要影响。

1919年包豪斯设计学院在德国魏玛建立,对现代家具的发展和普及发挥了强有力的推动作用。包豪斯对家具的探索,注重功能,讲究构图上的动感和材质肌理的对比,以突破陈规的构思,去发挥材料和结构本身的形式美,从而使其设计的家具完全脱离了传统的风格,在合理而富有数学性的造型概念中,给人以简洁、时尚的心理感受。包豪斯风格的家具(图6-14)以功能实用,材料、工艺经济的设计风格,以及适合标准化、规模化的现代工业生产等特点,产生了广泛影响,被称为"国际风格"的现代家具。

第二次世界大战后,美国成为战后家具设计和家具工业发展的先进国家。随着新材料、新工艺在家具生产中的应用,现代家具走上了高度发展时期。如胶合板、层压板、玻璃钢、塑料等新材料的出现和相应形成的新工艺,生产出大量概念全新、风格各异的家具,如图6-15所示。

图6-14　包豪斯风格的家具　　　　图6-15　现代家具

20世纪70年代至今是现代家具面向未来的多元时期,受"波普艺术"、后现代主义、新现代主义、简约主义、孟菲斯等影响,家具的造型和设计手法趋向怀旧,表现多元论和折中主义,向人们呈现出一个百花齐放的全新的家具世界。

第四节 实训指导

实训一 参观家具市场

1. 实训目的

到家具销售或加工现场进行实地参观、学习,通过教师的讲解来了解、熟悉当前市场上不同的家具类型和特点,为家具的选用与布置奠定基础。

2. 实训方式

现场参观。

3. 实训地点

当地的家具销售市场、家具制作加工厂等。

4. 实训内容

①不同的家具类型和特点。

②人体工程学在家具设计中的应用。

③室内设计中家具的选用与布置的原则、方法。

5. 实训指导

①结合参观的不同家具,主要讲解其类型、功能和发展趋势,重点引导学生理解如何在装饰设计中合理选择、搭配家具。

②了解家具的制作工艺。

6. 实训要求

理解调研项目的内容,完成《家具认识》调研报告。调研报告主要陈述家具的类型、特点,阐述对室内装饰设计中家具选用与布置方法的认识与理解。字数不少于 1 500 字。

实训二 室内家具设计

1. 实训目的

运用本章所学知识,通过对某一房间的室内家具的设计和布置,使学生掌握家具设计的方法及布置原则和家具的尺度。

2. 实训题目

(1)题目一:教室桌椅设计

两人一副桌椅,课桌要能够满足放置书本需要。面积指标为 2.4 m^2/人。

（2）题目二：宿舍成套组合寝具

每人一套组合寝具,要求能够满足睡眠、学习、储藏等需要。面积指标为 4.0 m²/人。

3. 实训内容

在上述题目中任选一个,完成下列内容:

①家具的三视图:标注家具的尺寸及家具布置间距。

②设计说明:150 字左右。

4. 实训指导

根据人体工程学尺度,确定家具的尺寸;根据室内功能需求,设计家具的形式、材料、色彩;通过练习训练,布置室内家具。

5. 推荐参考资料

①贾斯珀·莫里森,等. 家具设计［M］. 北京:中国建筑工业出版社,2005.

②吴林春,等. 家具与陈设［M］. 北京:中国建筑工业出版社,2012.

③李凤崧. 家具设计［M］. 北京:中国建筑工业出版社,2013.

第七章
天棚设计实训

知识目标：

● 了解天棚设计的原理。

● 理解各种类型建筑空间的天棚设计要求。

● 掌握各种类型天棚设计的方法与要点。

能力目标：

● 能够将天棚设计方法应用到实际操作中。

● 能根据不同空间功能要求完成各类天棚的装饰设计。

开章语：

本章以巩固学生对各种室内空间中天棚设计应掌握的理论知识为出发点，进一步强化学生有关天棚在不同空间中的设计技能。

第一节　天棚设计原理

天棚作为室内空间的一部分,是室内装饰设计的一个重要组成部分。它在室内空间设计中充当遮盖部件,用来围合室内空间。天棚的装饰设计,主要从空间造型、光影效果、材质渲染等方面来营造空间环境,烘托气氛。不同的天棚装饰设计,可以带给我们不同的装饰效果,它对室内空间形象的创造有着更为重要的意义。

一、天棚设计的作用

①装饰室内空间环境,创造特定的使用空间气氛和意境。
②遮盖各种通风、照明、空调线路和管道。
③为灯具、标牌等提供一个可载实体。
④改善室内环境,满足使用要求。

二、影响天棚效果的因素

1. 天棚的高度与空间的尺度

较高的天棚有延伸、扩大空间感,同时可能会产生庄重、冷峻的感觉;而低矮的天棚可以给人以一种亲切、舒适感,能满足人们生理、心理的需要,但过低的天棚又会让人感到压抑。因此,天棚在整体设计时,应对天棚的高度与空间的尺度关系给予足够的考虑。对于较高的天棚,可以悬挂一些豪华的灯具和装饰物来增加亲切感;而低天棚一般多用于走廊。在室内整体空间中,可以通过局部空间高低的变换来虚拟限定空间界限,划定使用范围,进而强化室内装饰的气氛。

2. 天棚的造型设计与整体材料的运用

天棚材料的质感纹理,对整个室内空间气氛的营造发挥着不可替代的作用。若天棚表面是平滑的,那么这个平滑面就是光线、声音的有效反射面。当光线从下面或侧面射来时,天棚自然就成为一个广阔、柔和的照明表面,为室内空间的照明发挥作用。同时,天棚设计形状与其质地的不同,也影响着房间的音质效果。在大多数情况下,当天棚大量采用光滑的装饰材料时,就会产生声音的多次反射,从而造成室内的混响时间过长,使室内的音响效果显得过于嘈杂。因此,在公共场合必须采用具有吸声效果的天棚装饰材料或者使天棚倾斜,抑或用更多的块面板材进行折面的造型处理,以增加表面吸声。

3. 天棚造型设计

天棚作为室内装饰设计的一个重要组成部分,其造型设计也关系着整个室内空间的美观性。同时,作为顶界面,天棚并不是独立存在的,它需要灯光来营造气氛,也就是说将天棚造型设计与灯光结合起来,从而增加天棚的装饰效果。

三、天棚设计的要求

1. 天棚造型大方得体

所谓大方得体，是指天棚的整体造型必须符合它所在的那个空间的功能特性。如客厅的天棚，就应该以能够为客厅营造出轻松愉快的气氛为造型基础，那么就需要客厅的造型具备轻快感。而轻快感的营造，就需要从天棚的形式、色彩、质地、明暗等方面来处理。

2. 满足结构和安全要求

天棚的装饰设计应保证天棚具有一定的合理性和可靠性，以确保在使用时，不会给人造成安全威胁，从而避免意外事故的发生。

3. 满足设备布置的要求

天棚上部各种设备布置集中，特别是高等级、大空间的天棚上，通风空调、消防系统、强弱电管线错综复杂，设计中必须综合考虑，妥善处理。同时，还应协调通风口、烟感器、自动喷淋器、扬声器等设备与天棚面的关系，以及处理人工照明、空气调节、消防、通信、保温隔热等技术问题。

第二节　常见的天棚装饰形式

一、井格式天棚

井格式天棚是由纵横交错的主梁、次梁形成的矩形格，或由井字梁楼盖形成的井字格，或为顶面造型所制作的假格梁的一种吊顶形式，这些吊顶形式可以形成很好的天棚图案。在这种井格式天棚的中间或交点布置灯具、单层或多层石膏花饰或绘彩画，可以使天棚的外观生动美观，甚至表现出特定的气氛和主题。有些天棚上的井格是由屋（楼）面承重结构下面的吊顶形成的，这些井格的龙骨与板可以用木材制作，或雕或画，十分方便。井格式天棚常用彩画来装饰，彩画的色调和图案应以空间的总体要求为依据。图7-1所示为井格式天棚。

二、平滑式天棚

平滑式天棚的特点是天棚表现为一个较大的平面或曲面，表面没有任何造型和层次，构造平整、简洁、利落大方，材料也比较节省。这个平面或曲面可能是屋（楼）面承重结构的下表面，它适用于各种空间，表面可以直接用喷涂、粉刷、壁纸等装饰；也可能是用轻钢龙骨与纸面石膏板、矿棉吸声板等装饰板材做成平面或曲面形式的吊顶。有时，天棚由若干个相对独立的平面或曲面拼合而成，在拼接处布置灯具或通风口。平滑式天棚构造简单，外观简洁大方，适用于候机室、候车室、休息厅、教室、办公室、展览厅或高度较小的室内空间，使室内气氛明快、安全舒适。平滑式天棚的艺术感染力主要来自色彩、质感、分格线以及灯具等各种设备的配置。图 7-2 所示为卧室平滑式天棚。

图 7-1 井格式天棚

图 7-2 卧室平滑式天棚

三、悬浮式天棚

悬浮式天棚是将各种板材、金属、玻璃及其他装饰物等悬挂在承重结构下面的一种吊顶形式。采用这种天棚往往是为了满足声学、照明等方面的特殊要求,或者是为了追求某种特殊的装饰效果。这种天棚富于变化,给人一种耳目一新的动感感受,常用于宾馆、音乐厅、展馆等吊顶装饰;同时,搭配各种灯光照射产生出别致的造型,满溢出光影的艺术趣味。例如,在影剧院的观众厅采用悬浮式天棚,其主要功能在于形成角度不同的反射面,以取得良好的声学效果,图7-3 所示为某音乐厅既有功能作用,又有装饰作用的悬浮式天棚。在餐厅、茶室、商店等建筑中,也常常采用不同形式的悬浮式天棚。如很多商店的灯具均以木制格栅或钢板网格栅作为天棚的悬浮物,既做内部空间的主要装饰,又做灯具的支承物;有些餐厅、茶座以竹子或木头为主要材料做成葡萄架形式的天棚悬浮物,营造形象生动的和谐气氛。

图7-3　某音乐厅悬浮式天棚

四、分层式天棚

分层式天棚,即天棚做成几个高低不同的层次,表面具有凹入或凸出构造处理的一种吊顶形式。分层式天棚的特点是吊顶简洁大方、层次感强,与灯具、通风口的结合更自然。在设计这种天棚时,要特别注意不同层次间的高度差,以及每个层次的形状与空间的形状是否相协调。分层式天棚适用于门厅、餐厅等吊顶装饰。图7-4 所示为某客厅分层式天棚。

五、玻璃天棚

玻璃天棚是利用透明、半透明或彩绘玻璃作为室内天棚的一种吊顶形式。主要是为了采光、观赏、美化环境,可以将其做成圆顶、平顶等形式,给人一种明亮、清新、室内可见天的感觉。现代大型公共建筑的大空间,如展厅、四季厅等,为了满足采光的要求,打破空间的封闭感,使环境更富情趣,除把垂直界面做得更加开敞、空透外,还常常把整个天棚做成透明的

图 7-4 某客厅分层式天棚

玻璃天棚。玻璃天棚由于受到阳光直射，容易使室内产生眩光或大量辐射热，一般玻璃易碎又容易砸伤人，因此可视实际情况采用钢化玻璃、有机玻璃、磨砂玻璃、夹钢丝玻璃等。

另外，在现代建筑中，还常用金属板或钢板网做天棚的面层。金属板主要有铝合金板、镀锌铁皮、彩色薄钢板等。钢板网可以根据设计需要涂刷各种颜色的油漆。这种天棚的形状多样，可以得到丰富多彩的效果，而且容易体现时代感。此外，还可用镜面做天棚，这种天棚的最大特点是可以扩大空间感，营造闪烁的气氛。

第三节 天棚装饰材料与设备

一、天棚装饰材料

常见的天棚装饰材料有：

①各类涂料、壁纸等，通常用于直接式天棚。

②安全玻璃，多用于玻璃天棚。

③各类吊顶材料，吊顶材料有 3 部分：吊顶龙骨，有轻钢龙骨、铝合金龙骨、木龙骨等；吊挂配件，有吊杆、吊挂件、挂插件等；吊顶罩面板，有硬质纤维板、石膏装饰板、矿棉装饰吸声板、塑料扣板、铝合金板等。

二、天棚设备

在吊顶上方和楼板下方之间的空间中往往要安装各种管线和设备，如灯具、通风系统、空调设备、消防设施等。在进行装饰设计时，要注意和其他工种的相互协调与配合。

<table>
<tr><td>第四节</td><td>实训指导</td></tr>
</table>

实训一　酒店大堂空间组织及界面装饰设计

1. 实训目的

通过实训,进一步理解空间的类型和特点,理解界面与空间的关系,掌握室内空间组织及界面装饰的初步处理手法,并能灵活运用于各类建筑室内设计中。

2. 实训项目

酒店大堂空间组织及界面装饰设计。

大堂是酒店的窗口,是宾客出入的必经之地。通常大堂设在底层,与门厅直接联系,并连接楼梯、电梯、餐厅、会议室等多个功能空间,是通向酒店其他主要公共空间的交通中心,是整个酒店的枢纽,具有接待服务、休息等功能。大堂内主要包括总服务台、大堂经理台、休息区、商务中心、自营商店及辅助用房等功能区。

3. 实训内容

①参观酒店大堂,对大堂的功能及分区、顾客的活动特点进行调研。

②由教师提供酒店的建筑平、立、剖面图,并提出设计内容要求。除总服务台、大堂经理台、休息区、商务中心、自营商店、卫生间外,可根据具体情况设置中餐厅、西餐厅、会议室、中庭等与大堂相联系的公共空间。对大堂进行空间组织和界面装饰设计,可酌情考虑家具、陈设布置。

4. 实训要求

①识读建筑图,理解建筑师的设计理念及意图,了解有关设计条件。

②合理组织大堂空间及与其他空间的联系,要求各功能区布局合理,功能完善、分区明确;流线组织合理,交通路线便捷,与客人流线互不交叉或兼用;采用积极的空间引导和暗示手法来加强各功能区之间的联系,尤其是总服务台等主要功能区域或电梯厅、楼梯间等交通枢纽与相关功能区之间的联系。

③界面设计风格突出,应充分考虑酒店大堂的窗口作用和指定的装修标准,结合灯具、家具、陈设、绿化的配置,创造华贵、高雅、特色鲜明的环境氛围。

④要求绘制出酒店大堂空间组织及界面装饰的初步设计方案,包括:

a. 平面布置图(比例自定)。

b. 天棚图(比例自定)。

c. 立面图(比例自定)。

d. 色彩效果图(不少于一幅,比例自定,表现手法自选,要求透视正确,室内界面材料色彩、质感以及家具、绿化等表现准确、生动,室内环境气氛、空间尺度、比例关系等表达准确、恰当)。

e.设计说明。

实训二 餐厅包房天棚装饰装修构造设计

1.实训目的

掌握轻钢龙骨纸面石膏板悬吊式天棚的基本构造,能熟练地绘制天棚平面图、剖面图及节点详图。

2.实训条件

已知某餐厅包房的平面布置及天棚平面图(图7-5),层高3 m,悬吊式天棚不上人,根据图示设计要求,进行悬吊式天棚构造设计。

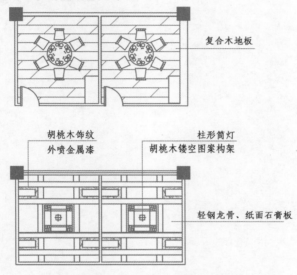

图7-5 某餐厅包房平面布置图及天棚平面图

3.实训内容及深度

用 A2 制图纸、墨线完成下列各图,比例自定,要求达到施工图深度。

①轻钢龙骨纸面石膏板悬吊式天棚剖面图。

②天棚与墙面相交处的节点详图。

③天棚与窗帘盒相交处节点详图。

④天棚与灯具连接的节点详图。

实训三 工地现场调研天棚装饰装修构造

1.实训目的

通过现场调研,使学生把课堂所学知识与工程实际紧密结合,培养学生的工程实践能力。

2.实训内容

学生2~6人组成实训小组,选择综合性的公共建筑,最好是正在进行天棚施工的工地,

对下列构造内容进行实地调研:

　　①吊杆间距、材料及固定方式。

　　②吊杆与主龙骨的连接方法及连接件的形式、材料。

　　③主龙骨的间距、材料、断面形式及布置方向。

　　④主龙骨与次龙骨的连接方法及连接件的材料与形式。

　　⑤次龙骨的间距、材料、断面形式与布置方向。

　　⑥饰面板的材料规格及与次龙骨的固定方式。

　　⑦天棚与墙面、天棚与灯具、天棚与检修孔、送风口、自动喷淋等连接处的节点构造。

3. 实训要求

对上述调研内容进行分析、总结,写出 3 000 字左右的实训报告。

第八章
墙面设计实训

知识目标：

● 了解墙面设计的原理。

● 理解各类型建筑空间墙面的装饰设计要求。

● 掌握各类型墙面设计的要点。

能力目标：

● 能够将墙面的装饰设计方法应用到实际操作中。

● 能根据不同空间功能要求完成各类墙面的装饰设计。

开章语：

　　本章以巩固学生对各种建筑空间墙面设计应掌握的理论知识为出发点，采用实训的方式强化学生对不同室内空间的墙面设计技能。

第一节　墙面设计原理

当人处于室内空间时,在其视线范围内,墙面和人的视线垂直,处于最明显的位置,同时墙体也是人体容易接触的部位,因此墙面的装饰设计对整个室内设计来说具有非常重要的意义。

一、墙面设计的作用

1. 装饰空间

墙面装饰能使空间美观、整洁、舒适,富有情趣,这种装饰与天棚、地面等的装饰效果相协调,并且可同家具、灯具及其他陈设相结合,共同渲染室内气氛。

2. 保护墙体

例如浴室、厨房等地,室内湿度相对较高,墙面会被溅湿或需水冲洗,若墙面贴瓷砖或进行防水、隔水处理,墙体就不会受潮湿影响;人流较多的门厅、走廊等地,应在适当高度做墙裙等,也能保护墙体不轻易受到破坏,从而延长使用寿命。

3. 满足使用功能

墙面经过装饰变得平整、光滑,不仅便于清扫,保持卫生,还可增加光线反射,提高室内照度,保证人们在室内正常的工作、学习、生活和休息需要。

二、墙面的设计形式

墙面设计形式多种多样,变化丰富的墙面都是由基本的形式经过形状、色彩、材质、灯光等的种种变化而形成的。

1. 壁画装饰的墙面

用壁画装饰墙面,常见的方法有两种:一种是当墙面面积较大时,在墙面上挂上风格一致、大小不一、聚散有致的壁画,图8-1所示为客厅壁画;另一种是在一面墙上悬挂或绘制大型壁画,以表现一定的主题,使空间充满艺术魅力,图8-2所示为客厅手绘墙。

2. 贴壁纸墙面

壁纸有各种不同的材质和系列,色彩、花纹非常丰富。贴了壁纸的墙面,若壁纸脏了可以用湿布直接擦拭;壁纸用旧了,可以把表层揭下来,无须再处理,直接贴上新的壁纸即可,非常方便。图8-3所示为卧室壁纸装饰。

3. 壁龛式墙面

壁龛式是室内墙面设计中的点睛之处,不论是家庭还是公共环境,都可用其来改善、美化环境。墙面上每隔一定的距离设计成凹入式的薄壁,可使室内墙面形成有规律的凹凸变化,一般在室内空间或墙面面积较大时采用;也可在两柱中间结合柱面装饰设壁龛,然后再打灯光。

图 8-1　客厅壁画

图 8-2　客厅手绘墙

图 8-3　卧室壁纸装饰

壁龛洞可大可小,可长可短,可方可圆,因环境不同而各异。图8-4所示为装饰壁龛。

图8-4　装饰壁龛

4. 主题性墙面

住宅客厅中的电视背景墙、沙发背景墙、办公空间入口、接待厅的公司标志墙等,都是主题性墙面。主题性墙面要从分析人流路线开始,选择人们注视时间较长的墙面作为主题墙面。图8-5所示为某客厅沙发背景墙。

图8-5　某客厅沙发背景墙

5. 装饰织物墙面

装饰织物墙面,即软包墙面,属于室内高级装饰工程,一般用于会议室、录音室、娱乐厅等墙面,住宅中只有少量家庭用软包作为墙面。软包的面层有锦缎、皮革等,具有吸声、隔潮、透气、美观、典雅的效果。因为是高级装饰,所以施工工人、材料选择以及每个操作工序都要精心策划和施工。所有龙骨和底料应作防腐处理,填充料和面料应能防火,面层应符合设计和规范规定的观感效果。图8-6所示为某酒店客房装饰织物墙面。

图8-6 酒店客房装饰织物墙面

6. 表现绿化的墙面

将室内墙面用乱石砌成,在墙面上悬挂植物或采用攀缘植物,再结合地面上的种植池、水池等,可形成一个意境清幽、赏心悦目的绿化墙面。图8-7所示为室内绿化墙面。

图8-7 室内绿化墙面

第二节 柱子装饰设计

　　柱子在建筑空间中既有结构和构造的功能,又有美化室内空间的作用。由于柱子大多突出于界面,所以其形态比较醒目。当柱子与形态空间相吻合时,能给人以和谐的美感,成为空间的有机组成部分;而当柱子与形态空间不协调时,则会破坏空间的统一感。在高层或超高层建筑中,经常会出现形体粗壮、体量巨大的柱子,为了减少室内空间中裸露柱子的粗壮之感,应采取相应的装饰设计方案,通过精心装饰将其弱化。就像中国古代的盘龙柱,古希腊的爱奥尼、科林斯、陶立克等柱子对室内外空间就具有很强的装饰性,如图8-8所示。

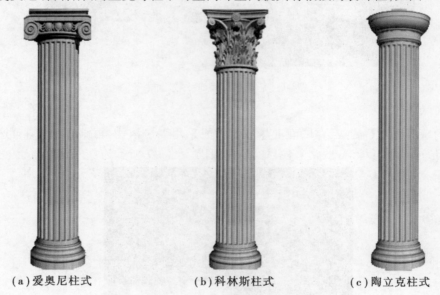

| (a) 爱奥尼柱式 | (b) 科林斯柱式 | (c) 陶立克柱式 |

图8-8　西洋古典柱式

　　现代建筑对柱子的装饰更是丰富多彩。一般来说,承重柱在室内空间主要有两种处理手法:一种是空间中存在独立柱或双柱时,可将柱子作为空间的重点装饰,图8-9所示为柱子的重点装饰;另一种是当室内空间较大,有多根柱子成排时,应用很强韵律感的柱列形式装饰柱子,图8-10所示为柱列装饰的酒店餐厅室内空间。

　　柱子装饰一般分为柱头、柱身、柱础三个部分。在现代建筑室内空间中,一般将柱头和柱身作为柱子的重点装饰部位,柱础部分只作简单处理。

　　另外,在现代建筑室内空间中,为了分隔空间,还可设计专门的装饰柱,这种柱子往往形式多样、造型别致,能起到很好的装饰效果。图8-11所示为用装饰柱分隔出的一个展示空间。

图 8-9　柱子的重点装饰

图 8-10　柱列装饰的酒店餐厅室内空间

图 8-11　装饰柱分隔空间

第三节　隔断装饰设计

　　隔断是限定空间,又不完全割裂空间的一种形式,如客厅和餐厅之间的博古架。使用隔断能区分不同性质的空间,并实现空间之间的相互交流。现代建筑室内空间,为了达到在不同时期根据不同的空间使用要求来灵活分隔空间的目的,往往采用隔断来分隔空间,以使空间显得更开敞,流动性更强。

一、隔断的分类

1. 根据固定形式进行分类

　　根据固定形式的不同,隔断可以分为固定式隔断和可移动式隔断两种。固定式隔断多以墙体的形式出现,既有常见的承重墙、到顶的轻质隔墙,也有通透的玻璃质隔墙、不到顶的隔板等。

　　可移动的隔断多种多样,如屏风、帘幕、推拉门、家具、栏杆、构架,甚至高大的植物都能起到分隔空间、阻断视线、隔音减噪的作用。下面进行简单的介绍。

　　(1)屏风隔断

　　屏风隔断一般不做到顶,因而其空间通透性强,可在一定程度上分隔空间和遮挡视线,但安置灵活、方便,可随时变更所需分隔的区域,只是隔音效果较差。屏风样式可根据整个空间气氛选用或订制,可采用薄纱、木板、竹窗等任何式样或材料,但应注意其与房间氛围的协调。屏风隔断不仅能隔断空间,而且可随时变动。好的屏风本身就是一件艺术品,可以给室内带来一种典雅、古朴的气氛。图 8-12 所示为客厅的屏风隔断。

图 8-12 某客厅的屏风隔断

（2）布艺隔断

布艺隔断是软隔断的一种,用布艺来美化空间,既经济实用,又简便易行,还可随季节改变空间的环境气氛。但在选择帷帘布时,须注意其质地、颜色、图案等应和室内总体风格相协调。图 8-13 所示为某餐厅的布艺隔断。

图 8-13 某餐厅的布艺隔断

（3）家具隔断

家具的品种有很多,能起隔断作用的即为隔断式家具。家具中的桌、椅、沙发、茶几、高矮柜,都能用来分隔空间。图 8-14 所示为办公空间隔断,通过办公桌椅的安放来分隔办公空间。

图 8-14　家具隔断

（4）博古架隔断

博古架是室内陈列古玩珍宝的多层木架,分为不同样式的许多层小格,格内陈设各种古玩、器皿,每层形状不规则,前后均敞开,无板壁封挡,以便于往各个位置观赏架上放置器物。博古架尺寸样式可按需制作,放上一些古玩、盆景等,既能透过自然光,又能增添居室的典雅气氛。图 8-15 所示为一博古架隔断。

图 8-15　博古架隔断

（5）绿色植物隔断

居室利用绿色植物既可将空间分隔成若干区域，又不影响空间的采光和通风。

2. 根据材质进行分类

根据材质的不同，隔断可分为石材、木材、玻璃、金属、塑料、布艺等十几种。

3. 根据组合或开启方式进行分类

根据组合或开启方式的不同，隔断可以分为拼接式、直滑式、折叠式、升降式等几种。

图 8-16 至图 8-19 所示为几种不同形式的隔断。图 8-20 所示为中国古典的分隔室内空间的隔断。

图 8-16　隔断示例 1

图 8-17　隔断示例 2

图 8-18　隔断示例 3

图 8-19　隔断示例 4

二、隔断的用途

1. 分隔空间

隔断无论其样式有多大差别,都无一例外地对空间起到了限制、分隔的作用。限定程度的强弱则可依照隔断界面的大小、材质、形态而定。宽阔高大、材质坚硬、以平面为主要分隔面的固定式隔断具有较强的分隔力度,给空间以明确的界限,此种隔断适用于层高较高的宽大空间的划分;尺寸不大、材质柔软或通透性好、有间隙、可移动的隔断对空间的限定度低,空间界面不十分清晰,但能在空间的划分上做到隔而不断,使空间保持良好的流动性,使空间层次更加丰富,此种隔断适用于各种居室空间的划分及局部空间的限定。

（a）落地罩

（b）圆光罩

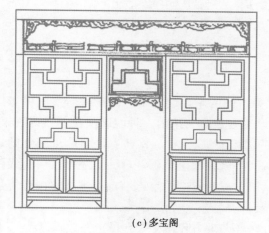

（c）多宝阁

（d）太师壁

图 8-20　中国古典形式隔断

2. 遮挡视线

隔断按照其组合方式和材质透明度的差异,具有不同程度的遮挡视线的作用。不同功能区域对可见度的要求各异,将大空间通过隔断划分成小空间时还要考虑采光的问题,对于采光要求较高的阅读区域可采用透光性好的低矮隔断。

3. 适当隔音

柔软的织物、海绵、泡沫墙材都具有一定的吸声功能,绿色植物可降低噪声,墙面挂画可适当增加声音的反射,因此由这些材料组成的隔断具有或多或少的隔音作用。

4. 增强私密性

在现代居室中,卫浴、卧室等空间不再像以往那样由固定的四面砖墙围合而成。个性化设计中,透明玻璃的卫浴间屡见不鲜。因此,为了增强私密性,这些区域的周围或入口处就用帘布等可移动的隔断起遮挡作用。

5. 增强空间的弹性

利用可移动的隔断能有效地增强空间的弹性。将屏风、帘幕、家具等根据使用要求随时启闭或移动,空间也随之或分或合、变大或变小,更加灵活多变。

6. 一定的导向作用

隔断除了起到围合空间的作用外,还因为它可以沿一个或几个方向延伸而具有一定的导向作用。

三、室内常设隔断的位置

宽大的客厅内部、客厅里的工作或休息区、客厅通往其他居室的交通空间、与客厅相连的半开敞式厨房、就餐区、楼梯两侧、卧室边缘等都是经常需要设立隔断的地方。

第四节　其他室内构件装饰设计

一、壁炉

壁炉是欧美常见的室内取暖建筑设施,也是室内的主要装饰部件。在起居室的壁炉周围布置休息沙发、茶几等家具,可以为家人团聚、朋友聚会营造出一种温馨浪漫的室内气氛。如法国卢浮宫内的壁炉,装饰得非常豪华,除了选用上等石材以外,还有许多雕刻精细的石雕人物塑像及丰富的折枝卷草纹饰,用金线勾勒,环绕在壁炉周围。台面上还摆放着高级陈设品,综合的陈设效果和建筑的古老式样非常和谐,成为室内的重点装饰。现代室内环境虽有现代化的取暖设施,但壁炉在西方作为一种装饰符号被一直沿用。

传统壁炉设计的重点部位:一是制作精美的炉架;二是较窄的炉架台面上摆放陈设品;三是在台面上方悬挂绘画或其他工艺美术品。欧洲兴起的新式壁炉与古老的传统壁炉在式样上有很大差别,其特点是构思新颖、造型简洁、用色大胆、工艺单纯,与现代化的住宅装饰非常和谐。

现在我国也开始使用壁炉装饰来体现室内环境的浪漫气息,图 8-21 所示为一装饰性的壁炉。

二、栏杆

栏杆作为楼梯、走廊、平台等处的保护构件,其造型多样,风格独特,是室内外装饰的重要构件。无论是中国古典建筑,还是西洋古典建筑的栏杆样式都有着与自己室内外空间整体风格相统一协调的特点。如中国古典建筑中设于走廊或水榭等处的"美人靠"的坐式栏杆,就是结合坐面的一种栏杆形式。图 8-22 所示为中国古典样式栏杆。图 8-23 所示为室内使用的铁艺楼梯栏杆。

图 8-21 装饰性壁炉

图 8-22 中国古典样式栏杆

图 8-23 室内使用的铁艺楼梯栏杆

第五节 实训指导

实训一 某教学楼墙面石材装饰装修构造设计

1. 实训目的

掌握墙面石材干挂的构造做法,确定石材种类、色彩及规格,能熟练地绘制石材干挂的各节点详图。

2. 实训内容

①任课教师给定某教学楼建筑立面图。

②根据立面图,设计石材饰面的组合排列形式,选择石材种类、色彩及规格。

③确定石材饰面与承重结构的干挂法连接构造。

3. 实训要求

用 A2 号制图纸,以铅笔或墨线笔绘制下列图样,比例自定,要求达到施工图深度,符合国家制图标准。

①教学楼外墙面石材装饰立面图,要求表示出石材规格、排列、色彩及详图索引符号。

②节点详图。各主要部位石材干挂剖面节点详图,要求详细表示石材与骨架、骨架与结构之间的连接构造及做法。

实训二 室内空间立面设计

1. 实训目的

空间处理除了平面组合划分外,界面处理也是重要的内容。通过运用所学的界面处理知识,结合空间功能要求,对室内界面进行装饰设计,创造出优美的主题墙面,使学生掌握室内空间与界面设计的基本方法。

2. 实训条件

某洗浴中心桑拿包间主题墙设计,户型平面图如图 8-24 所示,房间净高为 3 600 mm。

3. 实训内容

①立面图(1:50):应突出背景墙设计,表达出尺寸、材料做法、主要的家具设备等。

②设计说明:200 字左右。

4. 实训指导

界面的设计处理包括造型设计、材料选择、色彩搭配等方面,首先应满足功能要求,如电视背景墙设计应考虑视听环境的营造(不能造成光线污染),形成空间的视觉中心,整体风格可根据环境性质来确定。

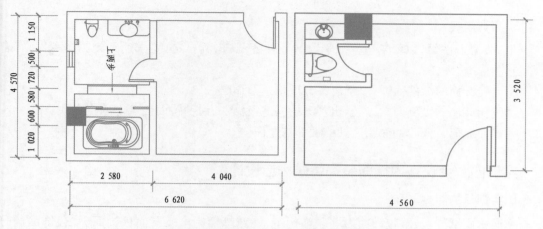

图 8-24　某洗浴中心桑拿包间平面图

实训三　卫生间内墙面装饰装修构造设计

1. 实训目的

掌握卫生间内墙饰面及镜面装饰的构造和做法,会正确处理内墙面防潮、防水构造及不同材质相应处的细部构造。

2. 实训条件

已知某卫生间内墙面用瓷砖饰面、镜面玻璃装饰,如图 8-25 所示。试根据此图,进行卫生间内墙面的剖面及细部构造设计。

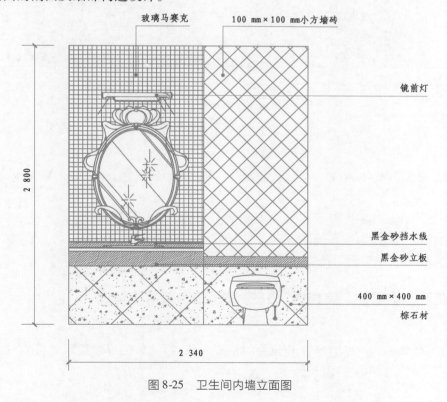

图 8-25　卫生间内墙立面图

3. 实训内容

用 A2 号制图纸,以铅笔或墨线笔绘制下列各图,比例自定,要求达到施工图深度,符合国家制图标准。

①瓷砖饰面的纵剖面图,表示出各分层构造及做法。

②镜面玻璃的纵剖面图,表示出各分层构造及做法,说明镜面玻璃的固定方式。

③镜面玻璃与瓷砖饰面相交处的细部构造图。

实训四 会议室内墙面装饰装修构造设计

1. 实训目的

掌握木质罩面板、软包饰面内墙装饰构造,能熟练绘制木质罩面板饰面、软包饰面的分层构造图及细部节点构造图。

2. 实训条件

已知某会议室内墙饰面为柚木质罩面板和壁纸饰面,如图 8-26 所示。试根据此图进行会议室内墙面的剖面图及细部构造设计。

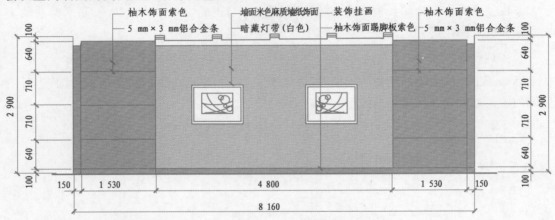

图 8-26 会议室立面图

3. 实训内容

用 A2 号制图纸,以铅笔或墨线笔完成以下图样,比例自定,要求施工图深度,符合国家制图标准。

①木质罩面板饰面的纵剖面图,并标注各分层构造及具体构造做法。

②会议室立面图上装饰线的节点详图。

③会议室立面图上不同材质相交处的节点详图。

实训五 承重柱、装饰柱(假柱)饰面装饰装修构造设计

1. 实训目的

掌握柱体饰面构造的特殊性及独特的构造做法,熟练地进行木质罩面板、金属板、石材板等常见柱体饰面的施工图设计。

2. 实训条件

①某宾馆大堂的钢筋混凝土框架承重柱,截面尺寸为 600 mm×600 mm,净高 4 200 mm。试将其改为圆柱,并以不锈钢板饰面。

②某娱乐空间为增加空间的层次,烘托气氛,设装饰柱(假柱),截面尺寸为 400 mm×400 mm,净高为 3 600 mm,采用型钢作装饰柱骨架、纸面石膏板作基层和凹凸造型,胡桃木装饰板罩面,木装饰线压边,在柱高 1 000 mm 以下采用天然大理石饰面。

3. 实训内容

用 A2 号制图纸,以铅笔或墨线笔绘制下列各图,比例自定,要求施工图深度符合国家制图标准。

①画出钢筋混凝土承重柱、装饰柱的平面图,并标明各层构造做法及尺寸。

②画出钢筋混凝土承重柱、装饰柱的纵向剖面图及细部节点构造图,并标明具体的构造做法。

③按照设计图样,做出装饰柱或承重柱的模型。

第九章
地面设计实训

知识目标：

● 了解地面装饰设计的原理。
● 理解各种类型室内空间的地面装饰设计要求。
● 掌握各种类型地面设计的要点。

能力目标：

● 能够将地面的装饰设计方法应用到实际操作中。
● 能根据不同空间功能要求完成各类地面的装饰设计。

开章语：

本章以巩固学生对各种建筑空间中地面设计应掌握的理论知识为出发点，强化学生对不同空间中地面的设计技能。

地面设计原理

进行装饰设计,主要是为了明确划分功能区域,为室内环境设计奠定基础。因
计必须在具备实用功能的同时,给人一定的审美感受和空间感受。

地面材质对空间环境的影响

的地面材质给人以不同的心理感受,木地板因自身色彩肌理特点给人以淳朴、优
的感觉;石材给人沉稳、豪放、踏实的感觉;各种地毯作为表层装饰材料,也能在保护
装饰 的同时起到改善与美化环境的作用。各种材质的综合运用、拼贴镶嵌,又可充分发
挥设计者的才能,展示其独特的艺术性,体现室内居住者的性情、学识与品位,折射出个人或
群体的特殊精神品质与内涵。

二、地面设计的要求

①应满足耐磨、耐腐蚀、防潮、防水、防滑甚至防静电等基本要求。
②应具备一定的隔音、吸声和保温性能,并具有一定的弹性。
③必须保证坚固耐久和使用的可靠性。
④应满足视觉要素的要求,使室内地面与整体空间融为一体,并为之增色。
⑤地面形状和图案的变化应结合室内功能区域的划分以及家具陈设的布置。如公共建
筑的门厅,有大面积的没有被家具遮挡的地面,往往用具有引导性的图案重点装饰,而其他
有家具遮挡的地方只作一般处理;在人流路线上,为了引导人流,可设计带有引导性的线或
图案。

三、地面装饰材料的选用

常用的地面装饰材料有地板类材料,如木(竹)地板、复合木地板、塑料地板;地砖类材
料,如陶瓷墙地砖、马赛克、缸砖等;石材类材料,如天然花岗岩、大理石和各类人工石材等。

第二节 常见地面拼花

在地面造型上,运用拼花图案设计,给人以某种信息,或起标识作用,或活跃室内气氛,
增加生活情趣。因此,必须对地面图案进行精心的研究和选用。地面的图案设计大致可分
为下述 3 种类型。

一、强调图案本身的独立完整性

这种类型多用于特殊的限定性空间。例如,会议室采用内聚性的图案,用以显示会议的重要性,图案色彩要和会议空间相协调,取得安静、聚神的效果,同时图案质地要根据会议的重要性和参加者的级别而定。图 9-1 所示为某会议室地面地毯装饰图案。

图 9-1　某会议室地面地毯装饰图案

二、强调图案的连续性和韵律感

这种类型具有一定的导向性和规律性,常用于走道、门厅、商业空间等处,只是图案色彩和质地要根据空间的性质、用途而定。图 9-2 所示为结合天棚上悬挂的灯具对应的酒店大堂地面图案。

图 9-2　结合天棚造型对应的酒店地面图案

三、强调图案的抽象性和自由多变

这种类型常用于不规则或灵活自由的空间,给人以轻松自在感,色彩和质地的选择也比较灵活。图 9-3 所示为某展示空间的地面图案。

图 9-3 某展示空间的地面图案

第三节 实训指导

1. 实训目的

能够根据各类楼地面的特点,结合房间功能,确定其楼地面的构造类型。掌握板块类、木质类楼地面的分层构造及构造做法,能熟练绘制出花岗岩楼面、木地板楼面的装饰施工图。

2. 实训条件

图 9-4 所示为某住宅四室一厅户型平面示意图,该户位于 5 层,试根据各房间的使用功能,确定其楼面的构造类型。要求选用石材、地砖、木地板等,板材规格及拼图自定。

3. 实训内容

用 A2 号制图纸,以铅笔或墨线笔绘制下列各图,比例自定,要求达到装饰施工图深度,符合国家制图标准。

①四室一厅楼面布置平面图,要求表示出楼面图案、板材规格及材质。

②选用楼面类型的分层构造剖面图,并标注具体的构造做法。

③踢脚、门洞口、不同材质交接处的节点详图。

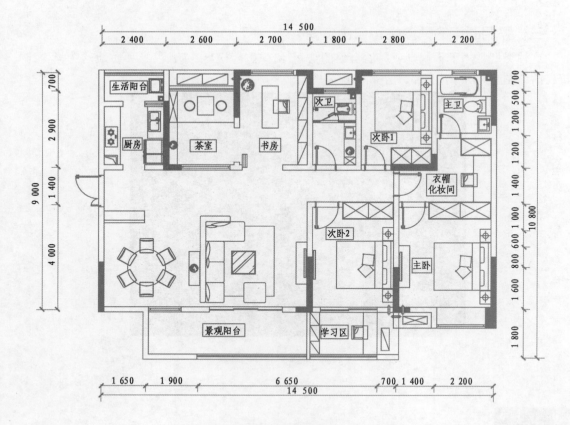

图9-4　某住宅四室一厅户型平面图

第十章
各种类型建筑室内空间设计实训

知识目标：

●了解各种类型建筑空间的室内设计要求。

●理解各种类型建筑空间的室内设计方法。

●掌握各种类型建筑空间的室内设计措施。

能力目标：

●能够将各种空间的室内设计方法应用到实际操作中。

●能根据各种建筑空间的设计要求及措施完成室内设计。

●能操作各类设计软件并能进行各类设计方案的表现。

开章语：

本章以"理论＋实践"的形式进行论述，一方面巩固学生应掌握的各种类型室内空间设计的理论知识，另一方面通过在每种空间中采用双重实训的方式来强化学生的设计技能。

第一节 室内居家空间设计

一、设计理论

1. 设计要求与措施

（1）使用功能布局合理

房间内功能区位的划分，需要以住宅内部使用的方便、合理作为依据。

（2）风格造型通盘构思

打算把家庭的室内环境设计装饰成什么风格和造型特征，要"意在笔先"。

（3）色彩、材质协调和谐

从整体构思出发，设计或选用室内地面、墙面和顶面等各个界面的色彩和材质，确定家具和室内纺织品的色彩和材质。

（4）突出重点，利用空间

住宅的室内空间尽管不大，但从功能合理、使用方便、视觉愉悦以及节约资金等几方面综合考虑，仍然需要突出装饰和投资的重点。

2. 各功能区设计特点

（1）起居室

起居室是室内居住空间中活动最为集中、使用频率最高的核心室内空间，在室内造型风格、环境氛围方面也常起到主导作用。在设计时，应注重功能划分、家具搭配、室内绿化等方面，如图 10-1 所示。

图 10-1 起居室

（2）餐室

餐室的位置应靠近厨房。餐室可以是单独的房间，也可以从起居室中以轻质隔断或家具分割成相对独立的用餐空间。餐室宜营造亲切、淡雅的家庭用餐氛围，如图 10-2 所示。

图 10-2　餐室

（3）卧室

卧室是住宅中最具有私密性的房间。卧室应位于住宅平面布局的尽端，以不被穿通；即使在一室的多功能居室中，床位仍应尽可能地布置于房间的尽端或一角。卧室的色彩宜淡雅，但色彩的明度可稍低于起居室。室内软装饰的材质、色彩、花式对卧室氛围的营造也起到了很大作用，如图 10-3 所示。

图 10-3　卧室

（4）厨房

现代住宅室内设计应为厨房创造一个洁净明亮、操作方便、通风良好的环境，在视觉上也应给人以愉悦感。厨房应有对外开窗的直接采光与通风。设计厨房时，设施、用具的布置应充分考虑人体工程学中对人体尺度、动作域、操作效率、设施前后左右的顺序和上下高度的合理配置，如图 10-4 所示。

图 10-4　厨房

（5）浴厕间

浴厕间是家庭中处理个人卫生的空间，它应与卧室的位置靠近，且同样具有较高的私密性。浴厕间的室内环境应整洁，平面布置紧凑合理，设备与各管道的连接可靠，便于检修。各界面材质应具有较好的防水性能，且易于清洁，如图 10-5 所示。

图 10-5　浴厕间

（6）书房

书房是学习和工作的地方。书房内需要布置能收藏大量图书资料的书柜（架），以及用于阅读和书写的写字台，还可以设置供休息用的沙发或坐卧两用的折叠沙发。书房的照明应有整体照明和局部照明，如图 10-6 所示。

图 10-6　书房

（7）儿童房

儿童房的设计原则如下：

①让孩子共同参与规划；

②充足的照明；

③柔软、自然的素材；

④明亮、活泼的色调；

⑤可随时重新摆设；

⑥安全性；

⑦预留展示空间。

儿童房的设计要点：

①地面：应具有抗磨、耐用等特点；

②地毯：建议铺设在床周围、桌子下边和周围，可以避免孩子在上、下床时因意外摔倒而磕伤，也可以避免东西落在地上摔破或摔裂从而对孩子造成伤害；

③家居陈设与灯光：为保证有一个尽可能大的游戏区，家具不宜过多，应以床铺、桌椅及贮藏玩具、衣物的柜子为限；合适且充足的照明，能让房间温暖、有安全感，有助消除孩子独

处时的恐惧感,一般可采取整体与局部两种方式布设,如图 10-7 所示。

图 10-7　儿童房

二、设计实训

1. 设计案例参观及分析

(1)实训目的

通过分组参观及收集资料,让学生掌握一定的设计分析能力,并共享一套完整的居住空间设计案例分析资料。

(2)实训安排

选择学校所在地区内数套已完工的家装工程,如条件允许可选择某一小区内的精装修样板房作为参观对象,以班级为单位分组参观。

根据居住空间室内设计内容,将学生按照装饰风格、流线组织及功能分区、界面设计、照明设计、颜色设计、陈设设计、材料应用等模块分为 7 个小组,每组重点记录各个模块相对应的内容,并且利用课余时间收集相关资料,整理后班级共享,在课堂上以学生讲述、教师补充的方式开展教学活动。

2. 居住空间室内设计

(1)实训目的

通过多种类型的居住空间室内设计,使学生掌握该类空间的设计原理和方法。

(2)实训安排

安排学生利用课余时间,收集所在城市的一些较有代表性的住宅户型图,至少应包含一居室、二居室、三居室、花园洋房、别墅等户型,并将收集的户型图在计算机上绘成平面图。教师可以带领学生仔细地研究每一种户型,也可以让学生们相互交流,直至得出一种准确解读户型的方案。这样,在学生参加工作前,就已经提前做好了准备,对当地多数户型的优缺点都能熟记于心,并提前做好了改进户型缺陷的方案。

第二节　室内交通联系空间设计

一、设计理论

1. 门厅

（1）功能及作用

纯交通性的门厅必须满足疏散要求，兼有休息和业务的门厅必须留出不受交通干扰和人群穿越的安全地带，如图 10-8 所示。

图 10-8　门厅

（2）门厅的形式

①独用门厅：有明确的界定，独立空间。

②多用门厅：彼此功能之间能结合成为统一空间，没有明确的界定。

③多层次的门厅组织。

2. 中庭

（1）功能及作用

①根据心理需要，创造环境。

②室内外结合,自然与人工结合。

③共性中有个性。

④空间与时间的变化,静中有动。

⑤宏伟与亲切相结合。

(2)中庭的形式

中庭有多种形式,其具有以下几个主要特点:常有贯通多层的高大空间;常作为该建筑的公共活动中心或共享空间;常布置绿化、休息座椅等中心景点;常成为交通中心,或与交通枢纽有密切联系;可以是多功能的,也可以是单一的,如图 10-9 所示。

图 10-9　中庭

3.楼梯、电梯厅

(1)楼梯

楼梯在平时作为垂直交通,在紧急时是主要疏散通道。楼梯也可以在大堂以造型的优势起到装饰的作用。

(2)电梯厅

电梯厅应突出简洁、大方的设计风格,不需要多余的装饰陈设。

二、设计实训

1.设计案例参观及分析

(1)实训目的

通过现场参观学习,认识公共建筑室内交通空间的设计原则与设计方法,扩大知识面,开阔眼界,掌握交通空间的室内设计技巧与方法。

（2）实训安排

参观学校所在地公共建筑室内交通空间。要求学生对室内交通联系空间设计中所包含的门厅、走廊、楼梯、电梯厅、自动扶梯等知识有所了解,并通过课外查找资料进行深入分析,最终形成一份完整的参观报告。

2.电梯厅装饰方案设计

（1）实训目的

通过对电梯厅设计,使学生掌握电梯厅的装饰设计方法和技巧,从而熟悉、掌握公共建筑室内交通联系空间的室内设计。

（2）实训安排

以学校办公楼的电梯厅为例,要求学生现场测绘并进行设计,完成至少包括设计平面图、天棚图、效果图以及设计说明在内的各类设计图纸。

第三节　室内办公空间设计

一、设计理论

1.功能分类、设计总体要求及发展趋势

（1）功能分类

室内办公空间主要办公空间、公共接待空间、配套服务空间、附属设施空间等。

（2）设计总体要求及发展趋势

办公空间的标准层设计是整个办公空间设计的主要内容,具有相当重要的地位,其设计的优劣直接影响着整个办公空间设计的成功与否。

①现代办公建筑趋向于重视人及人际活动空间的舒适感、和谐氛围。

②进行室内空间组织时,应密切注视功能、设施的动态发展和更新。

③充分重视应用智能型的现代高科技手段。

2.办公室的设计原则及布局要求

（1）设计原则

办公室内环境的总体设计原则是突出现代、高效、简洁与人文特点,体现自动化与整体性,如图10-10所示。

（2）布局要求

①掌握工作流程关系以及功能空间的需求。

②确定各类用房的大致布局和面积分配比例。

③确定出入口和主通道的大致位置及关系。

④注意便于安全疏散和便于通行。

图 10-10　办公空间

⑤把握空间尺度。

⑥深入了解设备和家具的运用。

3. 办公室的分类设计

（1）开放型办公空间

在开放型办公空间设计上，应体现方便、舒适、明快、简洁的特点，如图 10-11 所示。门厅入口应有标志性的符号、展墙及接待功能的设施。高层管理小型办公室设计则应追求领域性、稳定性、文化性和实力感。一般情况下，紧连高层管理办公室的功能空间有秘书、财务、下级主管等核心部门。

图 10-11　开放式办公空间

（2）单元型办公空间

单元型办公空间是指在写字楼租用某层或某一部分作为单位的办公室。设在写字楼中的晒图室、文印资料室、餐厅、商店等服务用房供公共使用。通常，单元型办公室内部空间分隔为接待室、办公、展示等空间，还可根据需要设置会议、洗漱卫生等用房。

（3）公寓型办公空间

公寓型办公空间也称为商住楼，其主要特点是除办公外，同时具有类似住宅、公寓的洗漱、就寝、用餐等使用功能。

（4）会议空间

会议空间是办公功能环境的组成部分，它兼有接待、交流、洽谈及会务的用途，其设计应根据已有空间大小、尺度关系和使用容量等来确定。

（5）经理办公空间

经理是单位高层管理的统称，是办公行为的总管和统率，而经理办公室则是经理处理日常事务、约见下属、接待来宾和交流的重要场所。同时，其也能从一个侧面较为集中地反映机构或企业的形象和经营者的修养。

（6）其他办公空间

在设计时，应根据具体企事业单位的性质和其他所需，给予相应的功能空间设置及设计构想定位。这直接关系设计思路是否正确，价值取向是否合理等。设计师应把握住由办公性质所引导的空间内在秩序、风格趋向和样式的一致性与形象的流畅性，以创造一个既具共性特征又具个性品质的办公环境。

二、设计实训

1. 设计案例参观及分析

（1）实训目的

通过现场参观学习，认识办公建筑的主要空间组成，熟悉办公室、会议室等空间的室内装饰设计特点，掌握办公类建筑空间的一般室内装饰设计方法。

（2）实训安排

参观本专业校企合作单位的办公楼。重点分析入口大厅、各类用房组成、会议室、办公室等功能空间，并进行装饰风格、流线组织及功能分区、界面设计、照明设计、颜色设计、陈设设计、材料应用等方面内容的分析，要求提交参观报告。

2. 装饰公司办公室设计

（1）实训目的

通过对办公室的室内装饰设计进行学习，使学生理解、掌握一般办公建筑空间的室内装饰设计方法。

（2）实训安排

提供一套办公室原始平面图（图10-12），限定结构方式、层高、墙宽、楼层等内容。设计主题为"我的办公室室内设计"，要求每名学生为自己未来的装饰公司办公室做一套完整的设计方案，设计方案一方面要体现每个学生的个性，另一方面要满足功能需要，即合理区分事务处理空间、接待空间、休息空间等。

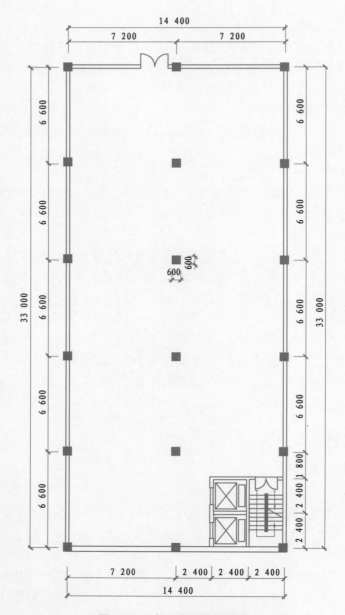

图 10-12　办公室原始结构图

　　要求学生提交包括平面布置图、天棚平面图、主要立面图、效果图、设计说明在内的一套较为完整的图纸。

　　本图所处环境、外墙开窗位置由学生自拟。

第四节 酒店空间室内设计

一、设计理论

1. 设计特点

（1）根据使用者的共同心态

①向往新事物的心态。

②向往自然，调节紧张心理的心态。

③向往增进知识、开阔眼界的心态。

④怀旧感和乡情观念。

（2）根据使用者的特殊心态

①充分反映当地自然和人文特色。

②重视民族风格、乡土文化的表现。

③创造返璞归真、回归自然的环境。

④充满人情味以及怀旧的情调。

⑤创建能留下深刻记忆的、难忘的建筑品格。

2. 大堂的室内设计

大堂是酒店前厅部分的主要厅室，常和门厅直接联系，一般设在底层，也有设在二层的情况，或与门厅合二为一的。大堂内部应设置的功能有总服务台接待区、大堂副经理办公区、休息等候区、酒店宣传展示区、小型商业区、小型娱乐区等，如图 10-13 所示。

图 10-13 酒店大堂

3. 客房的室内设计

客房应有良好的通风、采光和隔音措施,以及良好的景观(如观海、观市容等),或面向庭院,如图 10-14 所示。

图 10-14　客房

(1)客房的种类

客房的种类有标准客房、单人客房、双人客房、套间客房、总统套房等。

(2)客房的家具设备

客房的家具设备有床、床头柜、写字台、化妆台、行李架、冰箱(冰柜)、彩电、衣柜、灯具、电话、插座等。

(3)客房的设计特点

客房内按不同使用功能,可划分为若干区域,如睡眠区、休息区、工作区、盥洗区。因此,在布置客房的家具设备时,在各区域之间应既有分隔又有联系,以便对不同的使用者有相应的灵活性和适应性。

客房的室内装饰应以淡雅宁静又不失华丽为原则,给旅客一个温馨、安静,又比家庭更为华丽的舒适环境。家具种类包括床、组合柜、桌椅,且其在款式上应采用同一种款式,以形成统一的风格,并与织物相协调。客房的地面一般用地毯或木地板。墙面、天棚应选耐火、耐洗的墙纸或涂料。客房卫生间的地面、墙面常用大理石或塑贴面,地面应采取防滑措施,天棚常用防潮的防火板吊顶。带脸盆的梳妆台一般用大理石进行装饰,并在墙上嵌上一片玻璃镜面。五金零件应以塑料、不锈钢材料为宜。

二、设计实训

1. 设计案例参观及分析

(1)实训目的

通过现场参观学习,认识酒店的主要空间组成,熟悉其主要空间的室内装饰设计特点,掌握酒店空间的一般室内装饰设计方法。

（2）实训安排

参观当地的酒店，重点分析酒店入口、大堂、客房、餐厅等功能空间，并进行装饰风格、流线组织及功能分区、界面设计、照明设计、颜色设计、陈设设计、材料应用等方面内容的分析，要求提交参观报告。

2. 客房室内装饰设计

（1）实训目的

通过对客房室内进行装饰设计，熟悉并掌握普通的酒店室内设计方法和技巧。

（2）实训安排

根据提供的客房原始结构图（图 10-15）进行设计。设计要求：

①满足客房的功能要求。

②要求简洁、大方、实用，营造"宾至如归"的气氛。

③设计风格不限，但要统一、协调。

要求学生提交包括平面布置图、天棚平面图、主要立面图、效果图、设计说明在内的一套较为完整的设计方案。

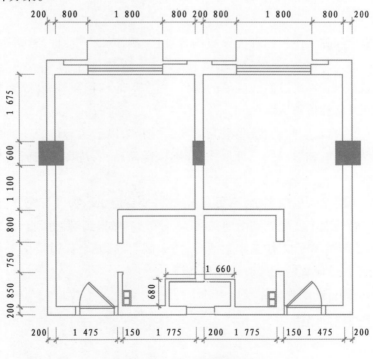

图 10-15　客房原始结构图

第五节 室内商业空间设计

一、设计理论

1. 室内商业空间设计条件分析

①商场分析,包括经营管理条件、风格、顾客结构。

②建筑条件分析,包括梁柱结构、平面空间类型等。

③商场室内功能系统,包括顾客系统、销售系统、商业系统、管理系统、内部员工系统等方面的内容。

2. 室内商业空间设计原则

能否营造吸引顾客购物欲望的商场整体营销氛围,是商业空间环境功能设计的基本原则。

①商品的展示和陈列应根据种类分布的合理性、规律性、方便性、营销策略进行总体布局设计。

②根据商场的经营性质、理念,商品的属性、档次和地域特征,以及顾客群的特点,确定室内环境设计的风格和价值取向。

③具有诱人的入口、空间动线,吸引人的橱窗、招牌,以形成整体统一的视觉传递系统,并运用个性鲜明的照明和形、材、色等形式,准确诠释商品,营造良好的商场环境氛围,激发顾客的购物欲望。

④购物空间不能给人以拘束感,不要有干预性,要营造出购物者有充分自由挑选商品的空间气氛。在空间处理上要做到宽敞通畅,让人看得到、做得到、摸得到。

⑤设施、设备完善,符合人体工程学原理,防火区明确,安全通道及出入口通畅,消防标识规范,有为残障人士设置的无障碍设施和环境。

⑥创新意识突出,能展现整体设计中的个性化特点。

3. 流线规律与空间组织

(1)动线组织

出店、进店—通行与浏览—购物—上下楼(通行、浏览、购物)。

顾客通行和购物动线的组织,对营业厅的整体布局、商品展示、视觉感受、通达安全等都极为重要,顾客动线组织应着重考虑。

(2)空间组织

①货架、陈列橱窗、展台组织划分空间。

②隔断、休息椅、绿化。

③地面或天棚的局部升高或降低,营造虚拟空间。

④特定范围的局部照明。

4. 界面处理

界面处理包括地面、墙、柱面以及天棚。商场地面、墙面和天棚是主要界面,其处理应从整体出发,烘托氛围,突出商品,形成良好的购物环境,如图10-16所示。

图 10-16　珠宝店设计

二、设计实训

1. 设计案例参观及分析

(1)实训目的

通过现场参观学习,认识商业类空间的主要空间组成,熟悉其营业厅、陈列展示区等重点空间的室内装饰设计,掌握商业类空间的一般室内装饰设计方法。

(2)实训安排

根据参观对象的不同将学生进行分组。参观对象分为专业营业厅、购物中心、专卖店、大型商场。要求学生对各类参观对象的装饰风格、流线组织及功能分区、界面设计、照明设计、颜色设计、陈设设计、材料应用等方面进行详细记录,收集整理资料并提交参观报告。

2. 专卖店室内设计

(1)实训目的

通过对专卖店的室内装饰设计,使学生理解、掌握商业建筑空间的室内装饰设计方法。

(2)实训安排

根据给定的建筑平面图(图10-17),设计一家专卖店,设计范围包括手机专卖店、书店、鞋店、服饰店、茶叶店等。建筑净高4 300 mm,梁底标高3 800 mm。要求适用、美观、特色鲜明、整体格调与经营商品相契合。除营业厅外,应有一间办公室(兼洽谈室)、小库房和一个自用洗手间(设台盆及便器),还要精心设计一个收款台及背景墙。对某些专卖店,还要根据需要设计试衣间、试鞋座位、品茶处及维修间等。

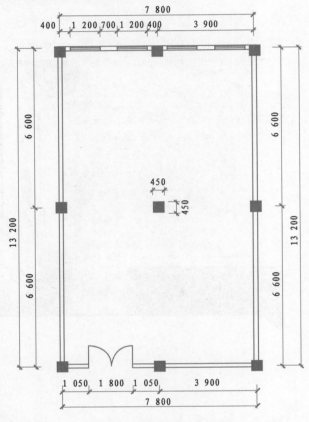

图 10-17　专卖店原始结构图

每两名学生为一个小组,互相限定设计条件,并对对方的设计成果进行评分。

要求学生提交包括平面布置图、天棚平面图、主要立面图、效果图、设计说明在内的一套较为完整的图纸。

第六节　室内餐饮空间设计

一、设计理论

1.餐饮空间设计的原则

①餐饮空间应该是多种空间形态的组合。将其划分为若干个形态各异、相互流通、互为

因借的多种形态餐饮空间,并加以巧妙组合。

②空间设计必须满足使用要求。注重空间设计的合理性,方能满足餐饮活动的需要。

③空间设计必须满足工程技术要求。要求设计满足材料和结构的技术要求,并通过声、光、热来满足一定的物理环境的需要。

2.餐饮空间设计的一般要求

①在进行总体布局时,把入口、前室作为第一空间序列,把大厅、包房或雅间作为第二空间序列,把卫生间、厨房及库房作为最后一组空间序列,以使其流线清晰,功能上划分明确,减少相互之间的干扰。

②餐饮空间分隔及桌椅组合形式应多样化,以满足不同顾客的要求;同时,空间分隔应有利于保持不同餐区、餐位之间的私密性不受干扰。

③餐厅空间应与厨房相连,且应该遮挡视线,厨房及配餐室的声音和照明不能与客人的座席相通。

④餐厅的通道设计应流畅、便利、安全,尽可能方便客人;尽量避免顾客动线与服务动线发生冲突,避免重叠,发生矛盾时,应遵循先满足客人的原则。

⑤通道时刻保持通畅,简单易懂。服务路线不宜过长(最长不超过40 m),尽量避免穿越其他用餐空间。大型多功能厅或宴会厅可设置备餐廊。

⑥适宜采用直线,避免迂回绕道,以免产生人流混乱的感觉,影响或干扰顾客进餐的情绪和食欲。

⑦员工动线讲究高效率。员工动线对工作效率有直接影响,原则上应该越短越好,而且同一方向通道的动线不能太集中,也应去除不必要的阻隔和曲折。

⑧中、西餐厅或具有地域文化的风味餐厅,应有相应的风格特点和主题营造。餐饮空间内装修和陈设整体统一,菜单、窗帘、桌布和餐具及室内空间的设计必须互相协调、富有个性或鲜明的风格。

⑨选择不黏附污物、容易清扫的装饰材料,地面要耐污、耐磨、防滑。

⑩应有足够的绿化布置空间,良好的通风、采光和声学设计。

⑪有防逆光措施,当外墙玻璃窗有自然光进入室内时,不能产生逆光或眩光的感觉。

3.各类餐饮环境的设计要点

(1)中式餐厅

中式餐厅在室内空间设计中,通常运用传统形式的符号进行装饰与塑造,既可以运用藻井、宫灯、斗拱、挂落、书画、传统纹样等装饰语言组织空间或界面,也可以运用我国传统园林艺术的空间划分形式,拱桥流水、虚实相形、内外沟通等手法组织空间,以营造中国民族传统的浓郁气氛,如图10-18所示。

中式餐厅的入口处常设置有中式餐厅的形象与符号招牌及接待台,入口宽大以便人流通畅。前室一般可设置服务台和休息等候座位。餐桌的形式有8人桌、10人桌、12人桌,以方形或圆形桌为主,如八仙桌、太师椅等家具。同时,设置一定量的雅间或包房及卫生间。

中式餐厅的装饰虽然可以借鉴传统的符号,但仍然要在此基础上,寻求符号的现代化、时尚化,以符合现代人的审美情趣和时代的气息。

图 10-18　中式餐厅

（2）宴会厅

宴会是在普通用餐的基础上发展起来的高级用餐形式，也是国际交往中常见的活动之一。宴会厅的使用功能主要是婚礼宴会、纪念宴会、新年、圣诞晚会、团聚宴会乃至国宴、商务宴等。宴会厅的装饰设计应体现出庄重、热烈、高贵而丰满的品质，如图 10-19 所示。

图 10-19　宴会厅

为了适应不同的使用需要，宴会厅常设计成可分隔的空间，需要时可利用活动隔断分隔成几个小厅。入口处应设接待处，厅内可设固定或活动的小舞台。宴会厅的净高为：小宴会厅 2.7～3.5 m，大宴会厅 5 m 以上。宴会前厅或宴会门厅是宴会前的活动场所，此处设衣帽间、电话、休息椅、卫生间(兼化妆间)。宴会厅桌椅布置以圆桌、方桌为主,椅子应易于叠落收藏。宴会厅应设贮藏间,以便于桌椅布置形式的灵活变动。

当宴会厅的门厅与住宿客人用的大堂合用时,应考虑设计合适的空间形象标志,以便将参加宴会的来宾迅速引导至宴会厅。宴会厅的客人流线与服务流线应尽量公开。

(3)风味餐厅

风味餐厅主要通过提供具有独特风味的菜品或独特烹调方法的菜品来满足顾客的需要。风味餐厅种类繁多,充分体现了饮食文化的博大精深。

风味餐厅的风格是为了满足某种民族或地方特色菜而专门设计的室内装饰风格,目的是使人们在品尝菜肴时,对当地民族特色、建筑文化、生活习俗等有所了解,并可亲自感受其文化的精神所在,如图10-20所示。

图10-20　新疆风味餐厅

风味餐厅在设计上,从空间布局、家具设施到装饰配饰应洋溢着与风味特色相协调的文化内涵。在表现上,要求精细与精致,整个环境的品质要与它的特别服务相协调,要创造一个令人感到情调别致、环境精致、轻松和谐的空间,使宾客们在优雅的气氛中愉快用餐的同时得到品位的提升。

风味本身是餐饮内容和形式的一种提炼,有其自身的特殊性,因此给风味餐厅注入高品位是餐饮业走入档次消费极端化的一种趋势。随着消费市场结构的变化,不同消费层次距离的拉大,高品位和特殊风味的融合日益受到市场的青睐。

(4)西餐厅

西餐厅在饮食业中属异域餐饮文化。西餐厅以供应西方某国特色菜肴为主,其装饰风格也与某国习俗相一致,以充分尊重其饮食习惯和就餐环境需求,如图10-21所示。

与西方近现代室内设计风格的多样化相呼应,西餐厅室内环境的营造方法也是多样化的,大致有下述几种。

①欧洲古典气氛的风格营造。这种手法注重古典气氛的营造,通常运用一些欧洲建筑的典型元素,诸如拱券、铸铁花、扶壁、罗马柱、夸张的木质线条等来构成室内的欧洲古典风情;同时,还应结合现代的空间构成手段,从灯光、音响等方面来加以补充和润色。

②富有乡村气息的风格营造。这是一种田园诗般恬静、温柔、富有乡村气息的装饰风

图 10-21　西餐厅

格。这种营造手法较多地保留了原始、自然的元素,使室内空间流淌着一种自然、浪漫的气氛,质朴而富有生气。

③前卫的高技派风格营造。如果目标顾客是青年消费群体,运用前卫而充满现代感的设计手法最适合青年人的口味了。运用现代简洁的设计词汇语言,会使设计轻快而富有时尚气息,从而流露出一种特殊的气质。空间构成一目了然,各个界面平整光洁,巧妙运用各种灯光构成室内温馨时尚的气氛。

总的来说,西餐厅的装饰特征富有异域情调,在设计语言上要结合近、现代西方的装饰流派而灵活运用。西餐厅的家具多采用二人桌、四人桌、长条形多人桌。

(5)快餐厅

快餐厅是提供快速餐饮服务的餐厅。快餐厅起源于 20 世纪 20 年代的美国,可以认为这是把工业化概念引进餐饮业的结果。快餐厅适应了现代生活快节奏、注重营养和卫生的要求,在现代社会获得了飞速发展,麦当劳、肯德基即为最成功的例子。

快餐厅的规模一般不大,菜品较为简单,多为大众化的中低档菜品,并且多以标准分量的形式提供。

快餐厅的室内环境设计应该以简洁明快、轻松活泼为宜。其平面布局的好坏直接影响到快餐厅的服务效率,应注意区分出动区与静区,在顾客自助式服务区避免出现通行不畅、互相碰撞的现象。

快餐厅的灯光应以荧光灯为主,明亮的光线会加快顾客的用餐速度;快餐厅的色彩应该鲜明亮丽,诱人食欲;快餐厅的背景音乐应选择轻松活泼、动感较强的乐曲或流行音乐,如图10-22 所示。

(6)自助餐厅

自助餐厅的形式灵活、自由、随意,亲手烹调的过程充满了乐趣,顾客能共同参与并获得心理上的满足,因此受到消费者的喜爱。

自助餐厅设有自助服务台,集中布置盘碟等餐具。陈列台分为冷食区、热食区、甜食区和饮料、水果区等区域,以避免食物成品与半成品之间的混淆。设计要充分考虑到人的行动条件和行为规律,既要让人操作方便,又要激发消费者参与自助用餐的动机。

在自助餐厅内部空间处理上应简洁明快,通透开敞。一般以设座席为主,柜台式席位也

图 10-22　快餐厅

很适合。自助餐厅的通道应比其他类型的餐厅通道宽一些,便于人流及时疏散,以加快食物流通和就餐速度。在布局分隔上,尽量采用开敞式或半开敞式的就餐方式,特别是自助餐厅因食品多为半成品加工,加工区可以向客席开放,增加就餐气氛,如图 10-23 所示。

图 10-23　自助餐厅

（7）咖啡厅、茶室

咖啡厅是提供咖啡、饮料、茶水,半公开的交际活动场所。

咖啡厅平面布局比较简明,内部空间以通透为主,应留足够的服务通道。咖啡厅内须设热饮料准备间和洗涤间。咖啡厅常用直径为 550～600 mm 的圆桌或边长为 600～700 mm 的方桌。

咖啡厅源于西方饮食文化,因此设计形式上多追求欧式风格,以充分体现其古典、醇厚的性格。现代很多咖啡厅通过简洁的装修、淡雅的色彩、各类装饰摆设等来增加店内的轻松、舒适感。

茶是全世界广泛饮用的饮品,种类繁多,具有保健功效,各类茶馆、茶室成了人们休闲会友的好去处。茶室的装饰布置以突出古朴的格调、清远宁静的氛围为主。目前,茶室以中式与和式风格的装饰布置为多。

近年来,出现了许多不同主题和经营形态的咖啡厅、茶室,与现代化的都市生活和休闲气氛结合起来,为人们增添了各式各样的生活情趣。

(8)酒吧

酒吧是"Bar"的音译词,有在饭店内经营和独立经营的酒吧,是必不可少的公共休闲空间。酒吧是人们亲密交流、沟通的社交场所,在空间处理上宜把大空间分成多个尺度较小的空间,以适应不同层次的需要。

酒吧在功能区域上主要有座席区(含少量站席)、吧台区、化妆室、音响、厨房等几个部分,少量办公室和卫生间也是必要的。

酒吧台基本上是酒吧空间中的组织者和视觉中心,设计上可将其予以重点考虑。酒吧台侧面因与人体接触,宜采用木质或软包材料,台面材料需光滑且易于清洁。

酒吧的装饰应突出其浪漫、温馨的休闲气氛和感性空间的特征。因此,应在和谐的基础上大胆拓展思路、寻求新颖的形式。酒吧的空间处理应轻松随意,比如可以处理成异形或自由弧形空间。

酒吧的装饰常常带有强烈的主题性色彩,以突出某一主题为目的,个性鲜明,综合运用各种造型手段,使其对消费者有刺激性和吸引力,容易激起消费者的热情。作为一种时尚性的营销策略,通常几年便要更换装饰手法,以保证持久的吸引力。

(9)厨房

餐厅的厨房设计,要根据餐饮部门的种类、规模、菜谱内容的构成,以及在建筑里的位置状况等条件进行相应的调整。

厨房的流线要合理,厨房作业的流程:采购食品材料、储藏、粗加工、精加工、烹调、配餐、餐厅上菜、回收餐具、洗涤、预备等。

厨房地面要平坦、防滑,而且要容易清扫。地面应留有一定的排水坡度和足够的排水沟。适用于厨房地面的装饰材料有瓷质地砖和适用于配餐室的树脂薄板等。墙面装饰材料可以使用瓷砖和不锈钢板。为了清洗方便,厨房最好使用不锈钢材料。厨房天棚上要安装专用排气罩、防潮防雾灯和通风管道以及吊柜等。

一般根据客人座席数量决定餐厅和厨房的大致面积,厨房面积多为餐厅面积的30%~40%。

二、设计实训

1.设计案例参观及分析

(1)实训目的

通过现场参观学习,认识各类不同形式餐饮空间的主要空间组成,熟悉餐饮空间室内装饰设计的原理,掌握餐饮空间的一般室内装饰设计方法。

(2)实训安排

根据参观对象的不同将学生进行分组。参考对象分为中餐厅、宴会厅、风味餐厅、西餐厅、快餐厅、自助餐厅、咖啡厅、酒吧、茶室等。要求学生对各类参观对象的装饰风格、流线组织及功能分区、界面设计、照明设计、颜色设计、陈设设计、材料应用等方面进行详细记录,收集整理资料并提交参观报告。

2. 餐饮空间室内设计

（1）实训目的

通过对餐饮空间的装饰设计,进一步理解餐饮空间的设计特点,掌握其设计方法。

（2）实训安排

已知设计条件:原始结构图如图 10-24 所示,该空间位于某美食街一楼,室内柱为 500 mm×500 mm,梁断面为 400 mm×600 mm,梁底标高为 4 800 mm,地面可下沉 600 mm, 可设阁楼,要求南北开窗(学生自定),南设入口及花台等。

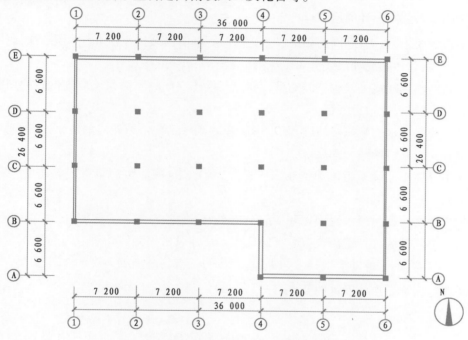

图 10-24　餐饮空间原始结构图

设计要求:

①掌握餐饮空间室内设计的基本原理,在满足功能问题的基础上,力求方案有地域特色。

②设计风格不限,造价不限,要求自定餐厅经营类别。

③针对餐厅内服务需要,充分考虑各功能分区,组织合理的流线。

④要求合理把握对色彩、光环境、陈设、绿化以及室内景观的塑造,创造合理、舒适宜人的餐饮环境。

⑤设计要以人体工学的要求为基础,满足顾客的行为、心理尺度及服务员的服务尺度。

要求学生提交包括平面布置图、天棚平面图、主要立面图、效果图、设计说明在内的一套较为完整的图纸。

第七节　室内娱乐空间设计

一、设计理论

1. 室内娱乐空间设计的原则

①不同的娱乐方式有不同的功能要求,在娱乐空间中,装饰手法和空间形式的运用取决于娱乐的形式,总体布局和流线分布也应围绕娱乐活动的顺序展开。

②气氛的表达往往是娱乐空间的设计要点。娱乐空间的照明系统应提供好的照明条件并发挥其艺术效果,以渲染气氛。

③在有视听要求的娱乐空间内(如电影院和歌舞厅),应进行相应的声学处理,而且应注意将声学和美学有机地结合起来。

④娱乐空间中的交通组织应利于安全疏导,疏散通道、消防门等都应符合相应的消防要求。

⑤娱乐空间应尽量减小对周边环境的不良影响。

⑥娱乐空间的装饰处理需要有独特的风格。往往风格独特的娱乐空间能让顾客有新奇感,可以吸引顾客的兴趣并激发其参与欲望,独特的风格甚至能成为娱乐空间的卖点。

2. 各类室内娱乐空间设计的要点

(1)歌舞厅的设计

①歌舞厅舞池与休息区一般采取高差的方法来分隔,舞池一般略低于休息区,休息区一般围绕舞池而设,演奏台一般略高于休息区和舞池。

②舞池的地面材料一般可用花岗岩、水磨石、木地板和激光玻璃等。

③休息区的空间尺度宜小不宜大,要让顾客感到亲切,可用象征性的分隔手法处理空间(如利用低矮的绿植分隔空间),地面一般铺设地毯或采用木地板。

④声光控制室是歌舞厅的声音、视频和照明的控制中心,面积不应小于 20 m², 位置应在舞台正前方,保证操作人员能通过观察窗直接看到和听到演奏台和舞池的表演情况。

⑤舞厅灯具的配置应考虑各种灯具的性能和用途。歌舞厅的空间还要为扬声器提供合适的位置,便于调试,有利于音响效果的发挥。

(2)卡拉 OK 厅和 KTV 包房的设计

①卡拉 OK 厅以视听为主,设有视听设备和散座等,常带小型餐饮设施,有的附设舞池。KTV 包房为团体顾客(如家庭)而设,设有视听设备、电脑点歌系统及沙发、茶几等。在一些娱乐城内,卡拉 OK 厅和 KTV 包房通常以大厅和包房的形式呈现。

②卡拉 OK 厅和 KTV 包房的设计都应讲究声学处理,可以采用 24 砖墙或双层 100 mm

加气混凝土块隔墙隔音,KTV 包房可以采用织物软包达到吸声、隔音的效果;组合扬声器和低音扬声器都要放置在结构地面或安置在坚固的支架上(低音扬声器应放置在地面上),悬挂扬声器的悬挂支架和支点应牢固,不能产生振动,否则会使音质受到损害;KTV 包房尽量不要采用正方形和长宽比例为 2∶1 的房间形式,因为这类房间易产生声染色。

（3）卡拉 OK 厅和 KTV 包房的屏幕及织物都应进行防火阻燃处理,通道和安全出口都应达到防火、防灾要求。

二、设计实训

1. 设计案例参观及分析

（1）实训目的

通过现场参观学习,掌握各类娱乐空间的一般室内装饰设计方法。

（2）实训安排

通过对一些娱乐建筑的参观学习,让学生了解娱乐空间的基本设计特征。

2. KTV 包房室内装饰设计

（1）实训目的

通过 KTV 包房的室内装饰设计,掌握一般观演类建筑室内空间装饰设计的技巧、方法。

（2）实训安排

根据给定的 KTV 包房原始结构图（图 10-25）,净高 3 600 mm,梁底标高 3 200 mm,设计一间 KTV 包房,要求体现娱乐空间的性格特点,创造热烈、欢快的空间气氛。

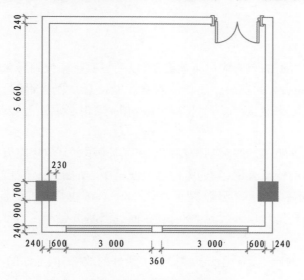

图 10-25　KTV 包房原始结构图

要求学生提交包括平面布置图、天棚平面图、主要立面图、效果图、设计说明在内的一套较为完整的图纸。

第八节 室内观演空间设计

一、设计理论

1.剧场、电影院的观众厅及音乐厅设计原则

①具有良好的视听条件。

②营造高雅的艺术氛围。

③建立舒适安全的空间环境。

④选择适宜的室内装饰材料。

⑤避免来自内外部的噪声背景。

2.剧场、电影院的座位布置和视线设计

①偏座的水平控制角。

②首排观众距舞台或银幕的距离。

③观众的最远视距的控制。

④对俯角和仰角的控制。

⑤使观众能正面对向舞台。

⑥无阻挡视线设计。

3.剧院的设计要求

①座位和座位间过道的布置应尽可能经济,以缩短后排座位到舞台的距离。

②从视线角度来说,宽的观众厅比长的观众厅能使观众更接近舞台。扇形平面对已给定的座位数和视线角度来说,观众厅的长度可减到最小,但必须注意检验其侧墙早期反射的实际效果。

③设楼座同样可缩短最远座位到舞台的距离,但同样应避免楼座太深而导致产生声影。

④根据现代演出的特点来说,最远座位至表演区中心的距离,不能超过30.48 m,一般超过22.86 m,演员的面部表情就看不清楚了,所以22.86 m 也是较好的标准。

⑤台唇不仅有助在舞台顶部反射面下表演,而且当演员在舞台后部时,它可作为一个反射面。

⑥"开敞式舞台"的产生,为优良声学提供了最好的效果,但上面的天棚或反射面必须是向外呈八字形张开的。

⑦观众厅池座应有恰当的倾斜,并至少应使每个观众有清晰的视野。

⑧楼座也应倾斜,以便在表演区前部能提供清晰的视野。

⑨包括天棚在内的顶上的反射面,在设计上应做到让观众厅后部的声音渐次增强,这可通过采用多个反射面来实现。

⑩对于镜框式舞台,应记住设计反射面。

⑪侧向反射面,除非平面是凸圆形的,否则当演员横向移动时,会使声音增强,产生显著的不稳定性。

⑫不作反射面的表面应是扩散的。

⑬齐头顶水平面以上的后墙应是吸声的,如为曲面应是扩散的。

⑭楼座栏板以及面向舞台的任何其他表面的面饰应是吸声的。

⑮避免从观众厅后面凹角产生的回声,这类凹角在平、剖面上都能出现。特别是观众厅后墙的处理,需要特别慎重,应避免后墙反射声朝着声源方向反射回来时可能产生的回声。

⑯乐池可以部分在前台下,但应以共振镶板装衬。

⑰座位尽可能采用吸声材料制作。

⑱混响时间应为 1 ~ 1.5 s,它取决于剧院的大小,并考虑排演的条件。

二、设计实训

1. 设计案例参观及分析

(1)实训目的

通过现场参观学习,了解观演类建筑主要空间的室内装饰设计特点,掌握一般的观演类建筑空间的室内装饰设计方法,扩大知识面,开阔眼界。

(2)实训安排

通过对学校附近一些观演类建筑的参观学习,让学生了解观演类建筑入口、大厅、包房等的基本设计特征。

2. 电影院室内装饰设计图纸分析

(1)实训目的

通过对电影室内院装饰设计图纸的解读分析,使学生进一步了解一般观演类建筑室内空间装饰设计的技巧和方法。

(2)实训安排

由教师提供一套完整的电影院室内装饰设计图纸,与学生一起就该设计展开讨论,加强学生对设计的解读与分析能力。

第十一章
室内设计师技能实训

知识目标：

● 了解室内设计师的含义。
● 理解室内设计的方法与程序及室内设计的图纸内容。
● 掌握室内设计师的沟通技巧及室内设计的现场测绘能力。

能力目标：

● 能将室内设计的方法与程序运用到实践中。
● 能应用室内设计师的沟通技巧。
● 具备室内设计的现场测绘能力。

开章语：

　　一位成熟的室内设计师必须要有艺术家的素养、工程师的严谨思想、旅行家的丰富阅历和人生经验、经营者的经营理念、财务专家的成本意识。室内设计是设计师专业知识、人生阅历、文化艺术涵养、道德品质等诸方面的综合体现。本章围绕作为一名室内设计师应具备的一些基本能力展开叙述。

第一节　室内设计师

一、室内设计师的定义

1. 简短定义

专业的室内设计师必须经过教育、实践和考试合格后获得正式资格,其工作职责是提高室内空间的功能和居住质量。

2. 完整定义(服务的范围)

室内设计专业所提供的服务包括:室内空间的规划、研究、设计、形成以及工程实施。室内设计的过程就是一套系统的、协调的方法论,通过对信息进行研究、分析以及整合成富有创造力的过程,最后获得一个恰当的室内环境。

3. 美国室内设计师学会(ASID)的定义

纵观室内设计所从事的工作,其包括了艺术和技术两个方面。室内设计就是为特定的室内环境提供整体的、富有创造性的解决方案,它包括概念设计、运用美学和技术上的办法以达到预期的效果。"特定的室内环境"是指一个特殊的、有特定目的和用途的成形空间。

二、室内设计师的工作内容

①从构思、绘图到三维建模等,提供完整的设计方案,包括物理环境规划、室内空间分隔、装饰形象设计、室内用品及成套设施配置等。

②通过创意与设计,体现家居设计的空间感、实用性、优越性、革命性,凸显其人性化。

③阐述自己的创意想法,与装修人员达成观念上的协调一致。

④协调解决装饰过程中的各种技术问题。

⑤协助进行室内装饰的成本核算和资源分析。

⑥了解所在行业的发展方向和新工艺、新技术,并致力于创新设计。

三、室内设计师的工作职责

为了改善生活质量,提高生产效率以及营造健康、安全和舒适的生活环境,室内设计师的职责如下:

①分析客户的需求、目标以及对生活和安全的具体要求。

②把了解到的情况与室内设计专业知识相融合。

③形成最初的设计理念,这一设计理念应符合顾客的要求,满足顾客功能和美学的需求。

④通过适当的表现媒体把最终的设计方案展现出来。

⑤制作施工图纸,准备非承重室内建筑、材料、表面处理、空间规划、家具、配套设施和设备的详细说明。

⑥按照规定的要求,与机械、电器和结构设计等专业从业人员合作。

⑦作为顾客的代理人,准备和管理招标以及合同文件。

⑧在实施过程中,审阅并评估设计方案直到工程完工。

四、室内设计师应具备的技能

①良好的美术表达能力,包括素描、色彩、速写、模型制作能力。

②良好的计算机操作能力,包括计算机操作基础,并能熟练操作 AutoCAD、3DS MAX、Lightscape 和 Photoshop 等软件。

③良好的室内设计基础,包括平面构成、立体构成、色彩构成。

④良好的室内设计理论,包括中外建筑史、各种时期的设计风格、人体工程学、色彩心理学、空间规划等。

⑤良好的相关学科基础,包括物理、化学、电工、音响基础、应用力学、心理学、哲学(包括逻辑)、预算学、公共关系学等边缘学科的基础知识。

⑥良好的工程施工基础技能,简单的工程预算基础知识。

第二节　室内设计的方法与程序

一、室内设计的方法

这里着重从设计者的思考方法来分析室内设计的方法,主要有下述几点。

1. 大处着眼、细处着手,总体与细部深入推敲

大处着眼,是指在设计时思考问题和着手设计的起点高,有一个设计的全局观念。细处着手是指具体进行设计时,必须根据室内的使用性质,深入调查、收集信息,掌握必要的资料和数据,从最基本的人体尺度、人流动线、活动范围和特点、家具与设备等的尺寸和使用它们必须的空间等着手。

2. 从里到外、从外到里,局部与整体协调统一

建筑师 A. 依可尼可夫曾说:"任何建筑创作,应是内部构成因素和外部联系之间相互作用的结果,也就是'从里到外''从外到里'。"室内环境的"里",以及和这一室内环境连接的其他室内环境,以至建筑室外环境的"外",它们之间有着相互依存的密切关系,在设计时需要从里到外、从外到里多次反复协调,使其更趋完善合理。室内环境需要与建筑整体的性质、标准、风格,与室外环境相协调统一。

3. 意在笔先或笔意同步,立意与表达并重

意在笔先原是指创作绘画时必须先有立意,即深思熟虑,有了"想法"后再动笔,也就是

说设计的构思、立意至关重要。可以说，一项设计，没有立意就等于没有"灵魂"，设计的难度也往往在于要有一个好的构思。在具体设计时，意在笔先固然好，但是一个较为成熟的构思往往需要足够的信息量，有商讨和思考的时间，因此也可以边动笔边构思，即所谓笔意同步，在设计前期和出方案过程中使立意、构思逐渐明确，但关键仍然是要有一个好的构思。对于室内设计来说，正确、完整，又有表现力地表达出室内环境设计的构思和意图，使建设者和评审人员能够通过图纸、模型、说明等，全面地了解设计意图，也是非常重要的。在室内设计投标竞争中，图纸质量的完整、精确、优美是第一关，而图纸表达则是设计者的语言，一个优秀的室内设计其内涵和表达也应该是统一的。

二、室内设计的程序

室内设计根据设计的进程，通常可以分为 4 个阶段，即设计准备阶段、方案设计阶段、施工图设计阶段和设计实施阶段。

1. 设计准备阶段

设计准备阶段主要是接受委托任务书，签订合同，或者根据标书要求参加投标；明确设计期限并制订设计计划进度安排，考虑各有关工种的配合与协调；明确设计任务和要求，如室内设计任务的使用性质、功能特点、设计规模、等级标准、总造价，根据任务的使用性质所需创造的室内环境氛围、文化内涵或艺术风格等；熟悉设计有关的规范和定额标准，收集并分析必要的资料和信息，包括对现场的调查踏勘以及对同类型实例的参观等。在签订合同或制订投标文件时，还包括设计进度安排、设计费率标准（即室内设计收取业主设计费占室内装饰总投入资金的百分比）。

2. 方案设计阶段

方案设计阶段是在设计准备阶段的基础上，进一步收集、分析、运用与设计任务有关的资料与信息，构思立意，进行初步方案设计，进行方案的分析与比较并确定初步设计方案，提供设计文件。室内初步方案设计的文件通常包括：平面图，常用比例 1：50，1：100；室内立面展开图，常用比例 1：20，1：50；天棚图，常用比例 1：50，1：100；室内透视图；室内装饰材料实样版面；设计意图说明和造价概算。初步设计方案需经审定后，方可进行施工图设计。

3. 施工图设计阶段

施工图设计阶段需要补充施工所必需的有关平面布置、室内立面和天棚等图纸，还须包括构造节点详图、细部大样图以及设备管线图，编制施工说明和造价预算。

4. 设计实施阶段

设计实施阶段也即是工程的施工阶段。室内工程在施工前，设计人员应向施工单位进行设计意图说明及图纸的技术交底；工程施工期间需按图纸要求核对施工实况，有时还需根据现场实况提出对图纸的局部修改或补充；施工结束时，会同质检部门和业主进行工程验收。为了使设计取得预期效果，室内设计人员必须抓好设计各阶段的环节，充分重视设计、施工、材料、设备等各个方面，熟悉并重视与原建筑物的建筑设计、设施设计的衔接，同时还须协调好与业主和施工单位之间的相互关系，在设计意图和构思方面取得沟通与共识，以期取得理想的设计工程成果。

第三节 室内设计的图纸内容

一、完整的室内设计图纸包括的内容

①设计总说明。

②各层平面图。

③各部位立面图及剖面图。

④节点大样图。

⑤固定家具制作图。

⑥电气平面图。

⑦电气系统图。

⑧给排水平面图。

⑨建筑外立面图(需做外立面设计的)。

⑩装修材料表。

二、平面设计图

平面设计图包括底部平面设计图和顶部平面设计图两份。平面图应有墙、柱定位尺寸,并有确切的比例。不管图纸如何缩放,其绝对面积不变。有了室内平面图后,设计师就可以根据不同的房间布局进行室内平面设计。

平面图表现的内容有3个部分:第一部分标明室内结构及尺寸,包括居室的建筑尺寸、净空尺寸、门窗位置及尺寸;第二部分标明结构装修的具体形状和尺寸,包括装饰结构所处的位置、装饰结构与建筑结构的相互关系尺寸、装饰面的具体形状及尺寸,图上需标明材料的规格和工艺要求;第三部分标明室内家具、设备设施的安放位置及其装修布局的尺寸关系,标明家具的规格和要求。

三、效果图

效果图是在平面设计的基础上,把装修后的结果用透视的形式表现出来。通过效果图的展示,能够向业主明确展示装修活动结束后房间的表现形式,这也是业主确定是否装修的重要依据。因此,效果图是装修设计中的重要文件。效果图有黑色及彩色两种,由于彩色效果图能够真实、直观地表现各装饰面的色彩,所以它对选材和施工也具有重要作用。但应指出的是,效果图所表现装修效果,在实际工程施工中受材料、工艺的限制,很难完全达到。因此,实际装修效果与效果图有一定差距是合理的,也是正常的。

四、施工图

施工图是装修得以进行的依据,具体指导每个工种、工序的施工。施工图把结构要求、

材料构成及施工的工艺技术要求等用图纸的形式交代给施工人员,以便准确、顺利地组织和完成装修施工。

施工图包括立面图、剖面图和节点图。

施工立面图是室内墙面与装饰物的正投影图,标明了室内的标高,吊顶装修的尺寸及梯次造型的相互关系尺寸,墙面装饰的式样及材料、位置尺寸,墙面与门、窗、隔断的高度尺寸,墙与顶、地的衔接方式等。

剖面图是将装饰面剖切,以表达结构构成的方式、材料的形式和主要支承构件的相互关系等。剖面图标注有详细尺寸、工艺做法及施工要求。

节点图是两个以上装饰面的汇交点按垂直或水平方向切开,以标明装饰面之间的对接方式和固定方法。节点图应详细表现出装饰面连接处的构造,注有详细的尺寸和收口、封边的施工方法。

在设计施工图时,无论是剖面图还是节点图,都应在立面图上标明,以便正确指导施工。

第四节　室内设计师的沟通能力

一、客户消费心理分析

1. 客户类型及消费心理

(1)客户类型

①分析型、理智型消费者。这种客户在选择公司时通常比较理性,往往会咨询很多公司,从多方面权衡,综合考虑各种因素,如价格、质量、服务及自身承受能力等,最后才会作出决定。

②自主型、控制型消费者。这种客户的思维方式、行为习惯、喜好等都比较固定,有主见,通常对外界影响不太在意。

③表现型、冲动型消费者。这种客户通常喜欢新奇、高档的东西,不惜花重金,以显示自己的地位。

④亲善型、犹豫型消费者。这种客户较没有主见,有时甚至不了解自己的需要,行动起来犹豫不决。

(2)消费心理

①分析型、理智型消费者。这种客户既要求好的质量与服务,又要求低的价位。针对这种客户,我们要帮助他们分析自己的情况,分析本公司的优势,消除其顾虑。

②自主型、控制型消费者。这种客户的喜好比较固定,通常对设计有独特的需求或较高的审美要求,或对工程质量有特殊要求。这类客户通常在某一方面比较专业,如艺术方面、建筑方面等。针对这类客户,我们洽谈时需将其要求巧妙地结合起来。

③表现型、冲动型消费者。这类客户一般要求比较随便,问的比较少,不愿表现出对专业一无所知。针对这类客户,我们可以采取夸张、刺激等方式突出本公司的与众不同,以刺

激其追求新奇高档的欲望,引导消费完成交易。

④亲善型、犹豫型消费者。针对这类客户,我们可以在宣传公司特色的同时,不断了解他们的需求,通过公司的横向比较,想其所想不到的,让他明白与我们公司合作的价值所在、利益所在,做他们的助手。

2. 影响和客户合作的因素

①价格、质量、服务、企业知名度。

②消费者心理:喜好、收入。

③社会因素:家庭成员、亲密的朋友、同事、邻居等。

二、设计师应具备的能力和素质

1. 设计师应注重自身的形象

一方面,现在的室内设计师一般都受过良好教育并且具备一定的艺术修养;另一方面,每位设计师在与客户交谈时都代表着公司的整体形象,因此必须注重自身的形象。

2. 设计师应具备自我推销的能力

客户需要的是能力强、有责任心、自身素质较高的优秀设计师,所以,在外部条件相同的情况下,懂得自我推销的设计师就具备了一定的优势。

3. 设计师应有良好的人品与性格

设计师应具有积极的人生态度,坦然地面对成就及挫折与失败,对成功的追求应是长期的、持续的。设计师不仅口才要好,而且能推心置腹地探求出客户的需求,并能够恰当应对。

在与客户交谈时,让对方了解我们的观点,告诉客户我们了解他的需求,并能够予以满足。设计师应尽快赢得客户的信任,这取决于其设计成果的质量,以及良好的表达水平。

4. 设计师应具备的基本肢体语言

眼睛平视对方,眼光停留在对方的眼眉部位;距对方一肘的距离,手自然下垂或拿资料,挺胸直立;平稳地坐在椅上,双腿合拢,上身稍前。

三、设计师的交流技巧

1. 建立良好的交谈气氛

①好的开场。

②提供建议。

③语气肯定。

④防止干扰。

2. 掌握一定的倾听技巧

①专心致志地倾听。

②有鉴别地倾听。

③不因反驳而结束倾听。

④要有积极的回应。

3. 具备一定的答辩技巧

①答辩要简明扼要。

②避免正面争论。

③运用"否定"艺术。

④保持沉着冷静。

4. 灵活使用说服技巧

①寻找共同点。

②耐心细致。

③把握时机。

④循序渐进。

⑤严禁压服。

四、设计师应克服的缺点

一次成功的交易，实际上是一系列谈判技巧、经验和政策支持的结果，是一个系统工程。在这个工程中，任何地方出现问题，都会影响到其他方面，从而导致失败或不完全成功，所以设计师一定要避免任何纰漏。设计师在与客户沟通时，应克服以下缺点：

①言语过于书面化、理论化，不切实际。

②姿态高高在上，语气粗鲁蛮横。

③以自我为中心，不善倾听，喜欢反驳。

④无的放矢，谈话内容不着边际。

⑤言语夸张、恭维过度。

五、设计师应善于总结

一位成功的设计师要善于总结成功的原因和经验，在每次交易完成后，设计师都应做以下总结：

①是否对客户进行了认真细致的分析，是否明确知道客户需要的是什么和不需要的是什么？

②在与客户的交流过程中，自己的表述是否使客户完全了解了自己以及公司的情况？

③在与客户的交流过程中，是否意识到了竞争者的存在，并且明白自己是否占据了优势？

④在与客户的交流过程中，是否能把握住进度与节奏？

⑤如果以失败告终，必须总结失败的原因和症结。

第五节 室内设计师的现场测绘能力

现场测绘是室内设计过程中最重要的环节之一,成功的现场测绘是保证设计图纸可实施性的先决条件。室内设计师在现场测绘之前,应与委托方沟通初步的设计意向,取得建筑图纸资料,掌握建筑平面图、结构图、空调设备图、管道图、消防设施图、给水及排水图、强弱电布置图等方面的信息,了解业主对室内空间设计的期望。

一、现场测绘准备

1. 准备工具

现场测绘前,准备好红外线测量仪、卷尺、靠尺、标准量房手册、相机、笔等相关工具。

2. 准备图纸

事先复印好 2 张建筑原始平面结构图,如没有原图则需在现场手绘平面图,以备进行数据标记。

二、实施测量

1. 记录房屋原始结构尺寸

用尺子及红外线测量仪测量各个房间墙地面的长、宽、高,墙体及梁的厚度,门窗高度及距墙高度等。在测量的同时,需要确定墙体及墙面材料,注意墙体是否垂直、墙面是否开裂等问题;注意地面是否影响做地暖,天棚是否影响安装中央空调;注意窗户与上梁的高度,是否影响制作吊顶、装窗帘盒。

2. 检查并记录房屋原始结构设备

测量各种管道、暖气、煤气、地漏、强弱电箱的尺寸,并标注具体位置;检查上下水管是否有问题,能否移动或添加地漏;确定电路是否到位,有没有穿线,观察空调孔是否预留等。

三、现场拍照及填写记录单

①对一些较为复杂的现场情况应进行拍照或摄像,并需注明方位。

②记录建筑所在外环境的相关情况,如朝向、采光等内容。

③将测量过程中所了解的实际情况与关注事项填写在标准测量记录单上,同时将与客户沟通后的附加情况也记录在旁。

第十二章
综合实训

知识目标：

● 了解本专业的市场发展概况。

● 理解室内设计的方法及过程。

● 掌握作为一名准室内设计师的综合能力。

能力目标：

● 能够将各种空间的室内设计方法应用到实际操作中。

● 能根据各种建筑空间的设计要求及措施完成室内设计。

● 具备一定的团队协作能力。

开章语：

本章主要检验学生对设计知识的综合运用能力，同时考查学生的团队协作能力。

第一节　居住空间设计综合实训

一、实训目的与要求

①综合运用前面章节所述的基础与专业知识,提高对室内设计的全面认识及进行室内设计的综合能力,树立正确的设计思想,培养良好的职业道德。

②通过调查研究,真正了解社会和群众的需要、经济承受能力以及社会能够提供的改善生活环境的条件。

③通过设计实际工程项目,学习全面运用各种设计规范、定额、标准、参数等处理室内空间功能、结构、经济、设备、构造及艺术风格问题的能力,培养独立工作和多人协作的能力。

④通过实际工程设计训练,进一步掌握室内设计的方法、程序,编制设计技术文件,具备达到独立完成工程方案表现及技术设计图纸的能力。

⑤通过制订比较符合实际的设计方案,总结室内设计规律,进一步提高室内设计理论水平和撰写设计说明的能力。

⑥通过设计答辩这一检验设计的环节,培养介绍设计构思的语言思辨及综合表达的能力。

二、实训方式

市场调研、收集资料、整理分析、形成草图、设计实作、答辩。

三、实训指导书及主要参考资料

①来增祥,陆震纬.室内设计原理:上册[M].2 版.北京:中国建筑工业出版社,2006.

②陆震纬,来增祥.室内设计原理:下册[M].2 版.北京:中国建筑工业出版社,2004.

③潘吾华.室内陈设艺术设计[M].3 版.北京:中国建筑工业出版社,2013.

④张绮曼,郑曙旸.室内设计资料集[M].北京:中国建筑工业出版社,1991.

⑤张绮曼,潘吾华.室内设计资料集 2[M].北京:中国建筑工业出版社,1999.

⑥薛健.装饰装修设计全书[M].北京:中国建筑工业出版社,1998.

⑦何镇强,黄德龄,等.室内设计效果图表现技法[M].郑州:河南科学技术出版社,1996.

四、实训项目及学时分配

实训项目一览表

序　号	实训项目名称	学　时	成　果	必做/选做
实训一	市场调研、收集资料	10	文档	必做
实训二	整理分析、形成草图	8	草图	必做
实训三	设计实作	20	图纸	必做
实训四	答辩	10	笔录	必做

五、实训附加内容（教师讲授与学生选做）

①室内空间节能与环保分析。

②室内设计水电施工图。

③室内设计图纸预算。

六、实训项目内容及其要求

实训一　市场调研、收集资料（10学时）

1.调研的性质、任务和目的

市场调研、收集资料是室内设计专业的一个重要实践性环节。学生在学习了相关课程的基础上，通过市场调研加深专业了解、强化专业知识，提高就业意识，为今后专业课程的学习奠定基础。

2.调研的基本内容和要求

（1）调研的基本内容

室内装饰材料市场调研，建筑、室内设计风格及流派在现实生活中的应用。

（2）调研的基本要求

要求学生通过社会调查与参观学习，更多地了解和收集有关专业课程的详细资料；同时，要求学生在社会调研过程中更多地了解生产的实际情况，理论联系实际，进一步提高自身的实际设计和应用能力，为下一步工作做好充分准备。

3. 调研题目及要求

调研题目为《室内装饰材料市场调研》和《建筑、室内设计风格及流派在现实生活中的应用》。

序号	题　目	具体要求
1	《室内装饰材料市场调研》 （每 4 位同学为一组，每组 1 份报告）	对各大室内装饰材料市场、家具市场开展调研，要求每一类不少于 4 种品牌（要求必须为重庆市场产品）。 地砖陶瓷：石材、地砖、瓷片、文化石； 装饰板材：装饰面板、木地板、铝塑板、防火板、细木工板、胶合板、石膏板； 织物壁饰：墙纸、地毯、窗帘、挂毯和配件； 家具橱柜：卧室家具、餐桌及椅、沙发、床垫、书房家具、橱柜； 五金配件：锁具、拉手、小五金、地弹簧； 门　　窗：套装门、塑钢门窗、玻璃； 装饰线条：木线、罗马柱、挂镜线、硅酸钙板； 其他材料：给排水管、线管、强弱电线、灯具、开关面板、洁具
2	《建筑、室内设计风格及流派在现实生活中的应用》 （每人 1 份报告）	调研内容：要有风格名称、起源时间、地点、特点、发展历程、代表作、代表人物、在现实生活中的应用（不少于 10 种，含图片）

4. 有关说明

①本环节成绩的评定应在学生全勤的基础上，根据各个实践环节的打分评定成绩。

②市场调研时间为一周，辅以学生课余时间，自行组织安排，调研内容形成书面实习报告。

③实习报告装订成册，A4 幅面，基本内容包括：调研报告文字部分（不少于 1 500 字）、图片资料、调查体会等。

实训二　整理分析、形成草图（8 学时）

1. 任务和目的

①开发室内设计的创新能力。

②了解室内设计的新思维和新材料。

③进一步掌握设计构思草图和设计方案的表现手法。

④加强对优秀室内设计作品的鉴赏和分析能力。

2. 基本内容和要求

1）策划阶段

（1）任务书

任务书由学生自拟或教师命题。任务书要体现以下内容：

①使用功能。

②确定面积。

③经营理念。

④风格样式。

⑤投资情况。

（2）收集资料

收集以下资料：

①原始土建图纸。

②现场勘测（注明现场细节，含水电、梁高等）。

（3）设计概念草图

概念草图由学生与教师共同完成，包括：

①反映功能方面的草图。

②反映空间方面的草图。

③反映形式方面的草图。

④反映技术方面的草图。

2）方案阶段

（1）概念草图深入设计

在概念草图的基础上，深入设计，进行方案的分析和比较，包括：

①功能分析。

②交通流线分析。

③空间分析。

④装修材料的比较和选择。

（2）相关工种协调（设备优先原则）

①各种设备之间的协调。

②设备与装修的协调。

（3）方案成果

方案成果作为施工图设计、施工方式和概算的依据。其主要包括：

①图册。

②模型。

③动画、设计说明、平面图、立面图、剖面图、透视图（效果图）、模型、材料样板等。

实训三　设计实作（20 学时）

1. 任务和目的

通过设计实作，掌握施工图的主要内容，并能够用 AutoCAD 进行表现。

2. 基本内容和要求

施工图阶段（造型、材料、做法）包括：

1）装修施工图

①设计说明、工程材料做法表、饰面材料分类表、装修门窗表。

②隔墙定位平面图、平面布置图、铺地平面图、天棚布置图。

③立面图、剖面图。

④大样图、详图。

2）设备施工图

①给排水：系统、给排水布置、消防喷淋。

②电气：强电系统、灯具走线、开关插座、弱电系统、消防照明、消防监控。

③暖通：系统、空调布置。

实训四　答辩（10 学时）

1. 任务和目的

答辩是对本实训课程学习成果的检验，同时也是进一步培养学生综合表达及相互交流的能力。学生在完成全部设计工作及说明的编写以后，必须对答辩进行充分的准备。答辩采用多媒体手段进行。

2. 基本内容和要求

（1）答辩程序

①个人讲述报告主要内容及本人所做工作，重点是本人所做主要设计内容、设计思路及得到的主要结果，占时 10 分钟。对论文中所涉及的基本理论、基本概念等可以不必讲述。这一环节是培养和锻炼作为一名设计人员如何进行技术交流，如何表述自己的技术观点。对这一环节的要求是讲述问题的逻辑性强、条理清晰、语言表述简练。

②由答辩老师提出 3～4 个问题，答辩人回答，在答辩过程中还可能追加问题，回答问题占时 20 分钟。提出问题的主要范围是论文所涉及的有关内容以及论文相关学科的一些基础知识。这一环节考核的是答辩人对所设计内容掌握的深度及对相关基础知识的掌握情况。对这一环节的要求是答辩人对论文中所涉及的基本内容要有较深入的了解，例如某些数据和公式的引用一定要有依据，并能说明其概念；要能清晰正确地回答问题。

（2）准备要求

①准备好个人讲述提纲，并作一定的试讲，以便掌握好时间，个人讲述不能超过 10 分钟，因此应充分利用好时间，这也是一个展示自我的机会。

②事先准备好挂图、表格或 PPT 演示文件。

（3）答辩要求

①答辩时只准参阅本人所作论文及准备的讲述提纲，不能参阅其他书籍和文件。

②答辩时要听清所提问的题目，要对题目理解后再回答。如果暂不能理解或不太清楚题意，可请答辩老师再讲述一次题意或给予提示，不能没弄清楚问题就匆忙作答。

③答辩时应冷静思考，不要紧张。

第二节 公共空间设计综合实训

一、实训目的与要求

公共空间室内设计综合实训环节由设计、答辩两个环节组成。通过本次综合实训要求学生达到:

①综合运用所学的基础与专业知识,提高对室内设计的全面认识及进行室内设计的综合能力,树立正确的设计思想,培养良好的职业道德。

②通过调查研究,真正了解社会和群众的需要、经济承受能力以及社会能够提供的改善生活环境的条件。

③通过设计实际工程项目,学习全面运用各种设计规范、定额、标准、参数等,提高处理室内空间功能、结构、经济、设备、构造及艺术风格问题的综合能力,培养独立工作和多人协作的能力。

④通过实际工程设计训练,进一步掌握室内设计的方法、程序,编制设计技术文件,达到独立完成工程方案表现及技术设计图纸的能力。

⑤通过制订比较符合实际的设计方案,总结室内设计规律,进一步提高室内设计理论水平和撰写设计说明的能力。

⑥通过设计答辩这一检验设计的环节,培养介绍设计构思的语言思辨及综合表达的能力。

二、实训要求

1. 设计深度要求

①充分体现本建筑室内环境特征,并具有较强的合理性和基本表现力。

②良好解决设计中空间部分、材料运用、景观以及心理效应等问题。

③达到初步设计和局部施工图深度。

④各设计小组应结合整个综合大楼系统考虑,用消防、环保、节能等方面的知识指导设计。

⑤鼓励设计方案理论联系实际,解决实际问题。

2. 提交作品要求

(1)手册部分

①包含封面、图纸目录、设计说明、设计草图、效果图、彩色平面图、施工图(包括平面图、天棚图、立面图、剖面图、大样图)和封底。

②以上图纸使用 A3 图纸规格,并装订成册。

③效果图可选用手绘或计算机绘制。

（2）展板部分

①展板尺寸：900 mm ×1 500 mm。

②展板内容需含简要设计说明与效果图图样。

③展板数量：1～2张。

（3）光盘部分

①光盘一级文件夹以班级、团队命名。

②二级文件夹设置3个文件夹，一是手册部分，二是展板部分，三是原始文件。手册部分文件夹需包含的内容：排版好的全部手册内容，包括封面、封底、目录、设计说明、草图、效果图等，格式为jpg（dpi 像素为150）或 cdr 文件。展板部分文件夹需包含的内容：排版的原始文件（PS 或 CD 制作），一张导出的 jpg 文件（dpi 像素为300）。原始文件文件夹需包含的内容：格式为 dwg 文件（包括平面图、天棚图、立面图、剖面图、大样图）和 3DS Max 源文件。如果图纸采用手绘方式，需将图纸扫描保存，dpi 像素为300，格式为 jpg 文件。

3. 指导教师要求

指导教师应引导学生以科学、认真的态度进行设计，这对保证设计水平和设计质量起着重要作用。

①指导学生选题，根据学生的选题，向学生下达相关任务，提出明确具体的要求，并定期检查进度执行情况。

②定期安排指导和答疑时间，对学生及时进行指导、答疑等。

③指导教师要重视对学生独立分析问题、解决问题和创造能力的培养；应着重启发引导，充分发挥学生的创新能力。

④学生设计完成后，根据学生的学习态度、动手能力、设计质量等方面的反馈情况，指导教师要进行审阅，写出评语，提出评分的初步意见和成绩。

⑤参加设计答辩和评分。

⑥在设计过程中，应严格要求学生，不得随便更改选题。

三、设计选题

本次选题为一套综合性酒店室内设计，要求设计标准达到四星级酒店以上。图纸内部条件由教师限定。

1. 拟订设计题目

根据图 12-1 至图 12-5 分层拟订以下设计题目（应附电子文档）：

①一层：大堂与商业空间。

②二层：餐饮空间，可自选各种类型餐饮进行设计。

③三层：休闲娱乐空间，可自选各种类型娱乐进行设计。

④四层：办公空间。

⑤五到十层：酒店客房空间。

2. 加分选题

组织一次封面设计比赛，要求内容贴近本次设计主题，每位参赛学生按成绩排名可获得一定加分奖励。

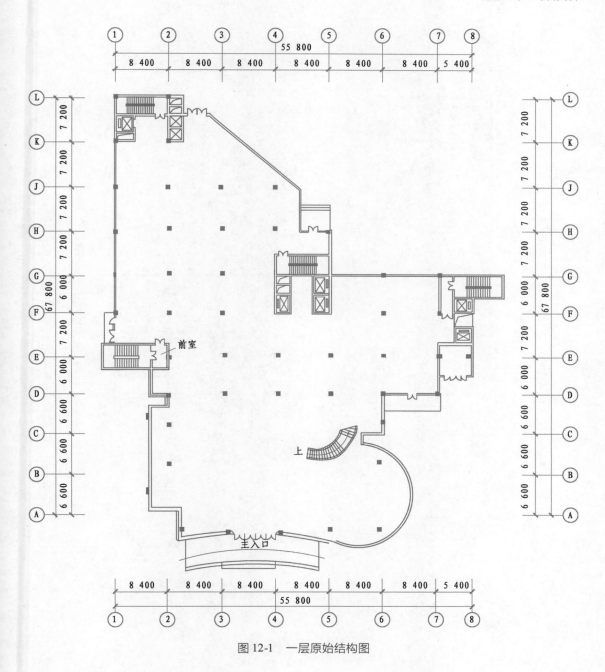

图 12-1　一层原始结构图

四、设计安排

①以班级为单位,每 10 位学生为一个团队,要求在给定原始结构图的基础上完成一套完整的酒店设计图纸,统一风格,统一标准。

②以团队为单位,每 2 位学生为一设计组,共 5 组,分别对应 5 个设计选题。

③以设计组为单位,合理分工,提交分工方案。

④每个设计团队合理安排进度,合理组织设计答辩,答辩形式贴近设计招标的形式及内容要求。

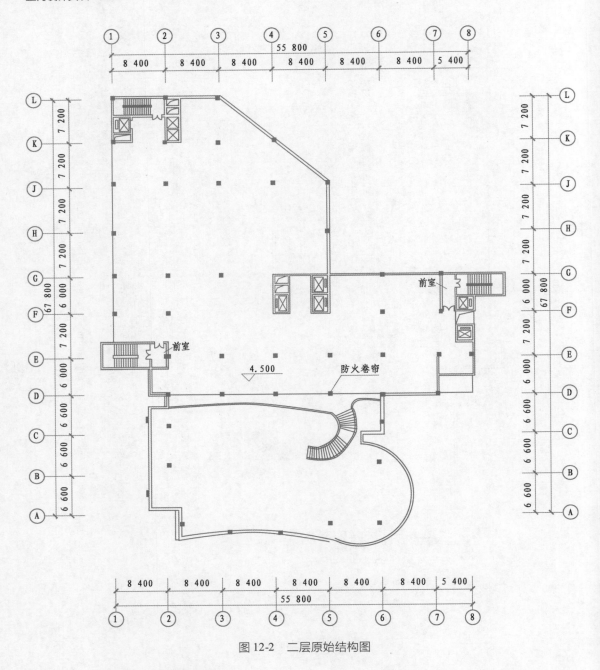

图 12-2　二层原始结构图

五、设计及答辩成绩评定办法

设计完成后由指导教师写出简短的评语。设计指导小组以教学班为单位,对学生进行答辩,根据学生设计的质量及答辩过程中的表现,给出成绩评定。成绩按优、良、中、合格、不合格五级分制评定,凡成绩不合格者设计必须重做。

优:能圆满地完成课题任务,并在某些方面有独特的见解或创新,有一定的理论意义或使用价值;设计说明内容完整、论证详细、计算正确、层次分明;说明书写规范,图纸符合要求且质量高;完成的软、硬件达到甚至优于规定的性能指标要求;独立工作能力强,工作态度认

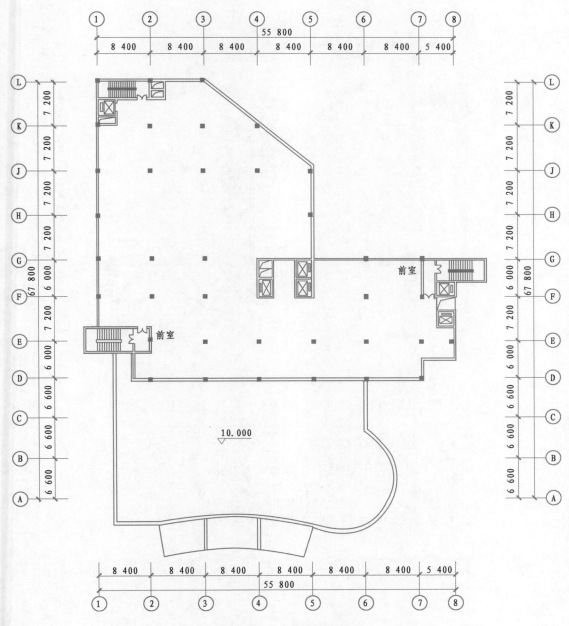

图 12-3 三层原始结构图

真,作风严谨;答辩时概念清楚,回答问题正确。

　　良:能较好地完成课题任务;设计说明完整,论证基本正确;说明书写较规范,图纸符合要求且质量较高;完成的软、硬件达到规定的性能指标要求;有较强的独立工作能力,工作态度端正,作风严谨;答辩时概念较清楚,回答问题基本正确。

　　中:完成课题任务;设计说明书内容基本完整,计算及论证无原则性错误;说明的书写规范,图纸质量一般;完成的软、硬件尚能达到规定的性能指标要求;有一定的独立工作能力,工作表现较好;答辩时能回答所提出的主要问题,且基本正确。

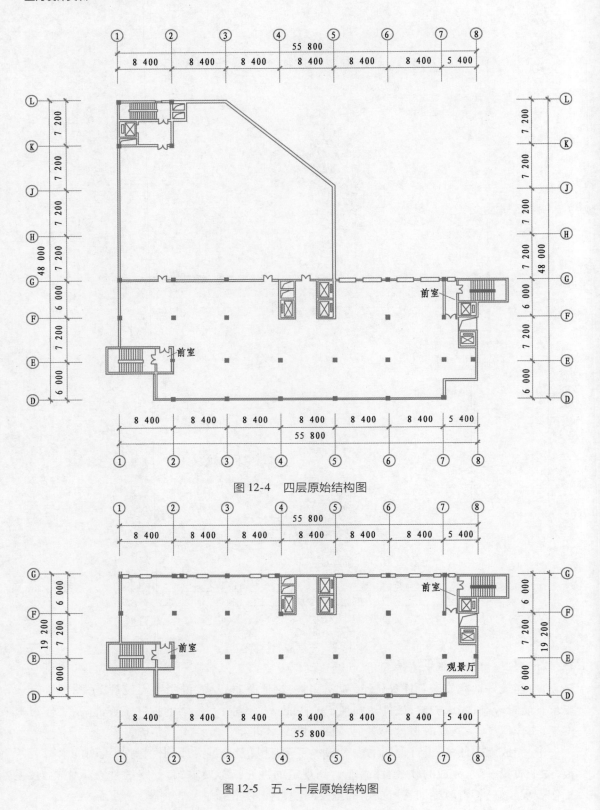

图 12-4　四层原始结构图

图 12-5　五～十层原始结构图

　　合格：基本完成课题任务；设计说明质量一般，无重大原则性错误；说明书写不够规范，图纸不够完整；完成的软、硬件性能较差，答辩时讲述不够清楚，对任务涉及的问题能够简要回答，无重大原则性错误。

　　不合格：没有完成课题任务；设计说明中有重大原则性错误；说明书、图纸质量较差；完成的软、硬件性能差；答辩时概念不清，对所提问题基本上不能正确回答。

第十三章
设计案例赏析

一、室内设计优秀案例一：中式住宅室内设计

中式住宅室内设计案例赏析，如图 13-1 至图 13-6 所示。

图 13-1 平面布局图

图 13-2 客厅

图 13-3　客厅背景墙

图 13-4　餐厅

图 13-5　卧室一

图 13-6　卧室二

二、室内设计优秀案例二：北欧风格住宅室内设计

北欧风格住宅室内设计案例赏析，如图 13-7 至图 13-15 所示。

图 13-7　平面布局图

图 13-8　客厅

图 13-9　餐厅

图 13-10　厨房

图 13-11　书房

图 13-12　卧室

图 13-13　衣帽间

图 13-14　卧室

图 13-15　卫生间

三、室内设计优秀案例三：某餐厅室内设计

某餐厅室内设计案例赏析，如图 13-16 至图 13-26 所示。

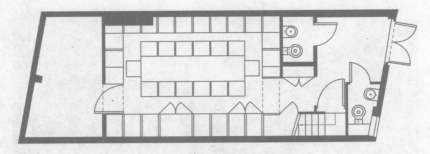

图 13-16　地下室平面布置图

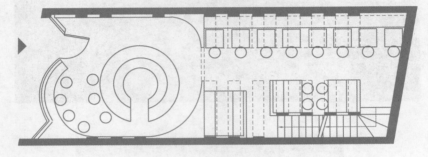

图 13-17　一层平面布置图

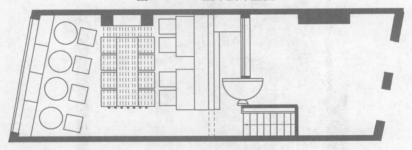

图 13-18　二层平面布置图

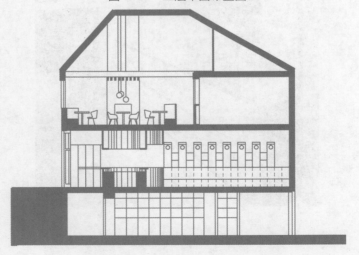

图 13-19　剖立图

图 13-20　前台区

图 13-21　餐厅过道

图 13-22　散座区

图 13-23　长桌区一

图 13-24　长桌区二

图 13-25　二人坐区

图 13-26　四人坐区

附录
室内设计常用尺寸

1. 墙面尺寸

①踢脚板高:80～200 mm。

②墙裙高:800～1 500 mm。

③挂镜线高:1 600～1 800mm(画中心距地面高度)。

2. 餐厅

①餐桌高:750～790 mm。

②餐椅高:450～500 mm。

③圆桌直径:2 人 500 mm,2 人 800 mm,4 人 900 mm,5 人 1 100 mm,6 人 1 100～1 250 mm, 8 人 1 300 mm,10 人 1 500 mm,12 人 1 800 mm。

④方餐桌尺寸:2 人 700 mm × 850 mm,4 人 1 350 mm × 850 mm,8 人 2 250 mm × 850 mm。

⑤餐桌转盘直径:700～800 mm。

⑥餐桌间距:应大于 500 mm(其中座椅占 500 mm)。

⑦主通道宽:1 200～1 300 mm。内部工作道宽:600～900 mm。

⑧酒吧台高:900～1 050 mm,宽 500 mm。

⑨酒吧凳高:600～750 mm。

3. 商场营业厅

①单边双人走道宽:1 600 mm。

②双边双人走道宽:2 000 mm。

③双边三人走道宽:2 300 mm。

④双边四人走道宽:3 000 mm。

⑤营业员柜台走道宽:800 mm。

⑥营业员货柜台:厚 600 mm,高 800～1 000 mm。

⑦单面背立货架:厚 300～500 mm,高 1 800～2 300 mm。

⑧双面背立货架:厚 600～800 mm,高 1 800～2 300 mm。

⑨小商品橱窗:厚 500～800 mm,高 400～1 200 mm。

⑩陈列地台高:400～800 mm。

⑪敞开式货架:400～600 mm。

⑫放射式售货架:直径 2 000 mm。

⑬收款台:长 1 600 mm,宽 600 mm。

4. 饭店客房

①标准面积:大:25 m²,中:16～18 m²,小:16 m²。

②床高 400～450 mm,床靠高 850～950 mm。

③床头柜:高 500～700 mm,宽 500～800 mm。

④写字台:长 1100～1500 mm,宽 450～600 mm,高 700～750 mm。

⑤行李台:长 910～1070 mm,宽 500 mm,高 400 mm。

⑥衣柜:宽 800～1 200 mm,高 1 600～2 000 mm,深 500 mm。

⑦沙发:宽 600～800 mm,高 350～400 mm,靠背高 1 000 mm。

⑧衣架高:1 700~1 900 mm。

5.卫生间

①卫生间面积:3~5 m²。

②浴缸:长度一般有1 220,1 520,1 680 mm 3 种,宽720 mm,高450 mm。

③坐便器:750 mm×350 mm。

④冲洗器:690 mm×350 mm。

⑤盥洗盆:550 mm×410 mm。

⑥淋浴器高:2 100 mm。

⑦化妆台:长1 350 mm,宽450 mm。

6.会议室

①中心会议室客容量:会议桌边长600 mm。

②环式高级会议室客容量:环形内线长700~1 000 mm。

③环式会议室服务通道宽:600~800 mm。

7.交通空间

①楼梯间休息平台净空:等于或大于2 100 mm。

②楼梯跑道净空:等于或大于2 300 mm。

③客房走廊高:等于或大于2 400 mm。

④两侧设座的综合式走廊宽度:等于或大于2 500 mm。

⑤楼梯扶手高:850~1 100 mm。

⑥门的常用尺寸:宽850~1 000 mm。

⑦窗的常用尺寸:宽400~1 800 mm(不包括组合式窗子)。

⑧窗台高:800~1 200 mm。

8.灯具

①大吊灯最小高度:2 400 mm。

②壁灯高:1 500~1 800 mm。

③反光灯槽最小直径:等于或大于灯管直径2 倍。

④壁式床头灯高:1 200~1 400 mm。

⑤照明开关高:1 000 mm。

9.办公家具

①办公桌:长1 200~1 600 mm,宽500~650 mm,高700~800 mm。

②办公椅:高400~450 mm,长×宽为450 mm×450 mm。

③沙发:宽为600~800 mm,高350~400 mm,背面高1 000 mm。

④茶几:前置型为900 mm×400 mm×400(高)mm,中心型为900 mm×900 mm×400 mm,700 mm×700 mm×400 mm,左右型为600 mm×400 mm×400 mm。

⑤书柜:高1 800 mm,宽1 200~1 500 mm,深450~500 mm。

⑥书架:高1 800 mm,宽1 000~1 300 mm,深350~450 mm。

参考文献

[1] 高光,姜野,廉久伟,等.室内设计实训指导[M].沈阳:辽宁美术出版社,2014.

[2] 卫东风.室内空间设计与实训[M].北京:北京大学出版社,2014.

[3] 王东.室内设计师职业技能实训手册[M].2版.北京:人民邮电出版社,2017.

[4] 罗维安.居住建筑室内设计实训教程[M].成都:西南交通大学出版社,2012.

[5] 潘筑华,杨逍.室内装饰设计实训指导手册[M].北京:经济管理出版社,2014.

[6] 郭明珠,高景荣,冯宪伟.住宅室内设计实训[M].北京:北京工业大学出版社,2013.

[7] 李江军.室内设计配色手册[M].北京:中国电力出版社,2018.

[8] 胡来顺.小户型全能设计解密[M].北京:清华大学出版社,2011.

[9] 美化家庭编辑部.户型改造王[M].武汉:华中科技大学出版社,2016.

[10] 王受之.世界现代设计史[M].北京:中国青年出版社,2002.

[11] 周燕珉.住宅精细设计[M].北京:中国建筑工业出版社,2008.

[12] 小原二郎.室内空间设计手册[M].张黎明,等,译.北京:中国建筑工业出版社,2000.

[13] 高钰.室内设计风格图文速查[M].北京:机械工业出版社,2010.

[14] 艾莉斯·芭珂丽.室内设计师专用协调色搭配手册[M].苏凡,似一,译.上海:上海人民美术出版社,2010.

[15] 张绮曼,郑曙旸.室内设计资料集[M].北京:中国建筑工业出版社,1991.

[16] 来增祥,陆震纬.室内设计原理(上、下)[M].北京:中国建筑工业出版社,1996.

[17] 增田奏.住宅设计解剖书[M].赵可,译.海口:南海出版公司,2013.

[18] 伊莱恩.设计准则:成为自己的室内设计师[M].济南:山东画报出版社,2011.

[19] 郑曙旸.室内设计思维与方法[M].北京:机械工业出版社,2003.

[20] 杨青山.建筑装饰室内设计实训[M].北京:机械工业出版社,2015.